与美好，不期而遇……

珍珠鉴定、收藏与品玩入门

主编　陈建兴　陈春那

中国民族文化出版社

北　京

图书在版编目（CIP）数据

珍珠鉴定、收藏与品玩入门 / 陈建兴，陈春那主编
. -- 北京：中国民族文化出版社有限公司，2025.1
ISBN 978-7-5122-1857-4

Ⅰ. ①珍… Ⅱ. ①陈… ②陈… Ⅲ. ①珍珠—鉴定②珍珠—收藏 Ⅳ. ①TS933.23

中国国家版本馆 CIP 数据核字(2024)第 075414 号

珍珠鉴定、收藏与品玩入门
Zhenzhu Jianding Shoucang Yu Pinwan Rumen

作　　者	陈建兴　陈春那
责任编辑	张　宇
责任校对	杨　仙
出 版 者	中国民族文化出版社　地址：北京市东城区和平里北街14号 邮编：100013　联系电话：010-84250639　64211754（传真）
印　　装	武汉鑫佳捷印务有限公司
开　　本	787 mm × 1092 mm　16开
印　　张	9.5
字　　数	132千字
版、印次	2025年1月第1版第1次印刷
标准书号	ISBN 978-7-5122-1857-4
定　　价	98.00 元

前言

在东方，中国其实是珍珠历史最悠久的国家。中国、印度等受佛教影响较大的国家，就珍珠来说，都有很强的文化传承。

佛教七宝之一的珍珠，也是中国古代四宝之一，也是权力和地位的显现。所以说，珍珠文化是源远流长的。

在清代之前珍珠是皇家珠宝，普通人是不能买的，象征着权力和地位。甚至有着女人的纯真和完美的象征，“珠圆玉润”“无瑕不成珠”等都是形容珍珠的美的。

到了清代后期，珍珠逐渐在普通阶层流传起来，同时由于人工养殖珍珠技术的成熟，其技术逐渐流传到中国，国内开始养殖珍珠，中国逐渐成为全球珍珠重要的产出国之一。但是到了当代，珍珠的文化反而没有得到传承，没有太多的文化寓意蕴含其中。可能由于二十世纪八九十年代，国内的劣质珍珠大规模地被当作普通的商品买卖，导致珍珠的寓意逐渐被淡化了，甚至前几年，很多人误认为珍珠是年纪大的人才戴的。

现在珠宝市场最流行的、占有量最大的是钻石。但钻石在世界珠宝史上只有两百年不到的历史。

在钻石之前，全球最重要的珠宝是珍珠，由于钻石强势和深入人心的文化的影响和推广，所以它取代了其他的珠宝宝石，成为一个核心的珠宝品类。中国的珠宝文化原来最主要的应该是玉，各种奇石、珍珠、玛瑙、黄金。

在宝石的发展历史上，珍珠是最为古老的宝石之一，钻石其实是非常年轻的宝石。珍珠在西方是被称为“五皇一后”中的“宝石之后”的，它同时也被称为“六月的生辰石”，也是三十周年婚姻纪念石。它也是五大宝石之一，它的历史和文化传承是最为悠久的。

受中国的影响，珍珠对于日本来说，是最为重要的宝石，也是最有渊源的宝石，大家知道其是现代珍珠的发源地之一。同时它也是珍珠产业的第一消费国和第一加工国以及流通国，珍珠在日本象征着幸福与平安，高贵与优雅，是女人的宝石。

同时珍珠这种宝石在战后的日本占据了重要的地位，给其带来了大量的外汇。

现在，不管是在日本也好，在欧美也好，珍珠是最具女性气质的代表佩饰，不像国内的珍珠似乎成了中老年人的专用饰品，这就是文化的断层造成的。当然，它和我们国内的珍珠产业也有非常深刻的关联，国内还少有真正推广珍珠文化的企业和品牌。

这也是中国珍珠文化几十年来的一个缺失。这种缺失也导致了大家只是听说了一些珍珠的品牌，但大家很少听到过比较有名或印象深刻的珍珠品牌，甚至没有能让人通过珍珠品牌联想到珍珠的文化的。

对于一些珍珠的品牌和生产企业说，由于缺乏品类文化的责任感，珍珠文化的寓意挖掘得不够，导致珍珠文化在中国的普及是比较缓慢的。当然，这和消费习惯也有一定的关系。

我们深信，随着国人消费理念的转变，珍珠也会和黄金、玉石一样焕发和它本质相关的能够影响大众的珠宝文化出来。目前珍珠文化，也正在国际时尚圈焕发独特的魅力。

目录

珍珠的寓意

寄情七世，钟爱三生，
颗颗皆为心中爱，
粒粒都是梦里缘……

珍珠是人类最早使用的珠宝之一。珍珠色泽美丽，无须任何加工就可成为悦人的首饰。长久以来，人们无法解释为什么贝类这种不起眼的生物能够产出珍珠这种色泽莹润、色彩多样、造型完满的珠宝。

相传在距今约 2400 年的春秋战国时期，绝代佳人西施就是由一颗神奇的珍珠变成的。一天，西施的母亲在清澈的若耶溪浣纱，忽见江中一颗金光闪烁的珍珠迎面飞来，她躲闪不及，那颗珍珠即进入嘴里，坠入腹中，孕化成美人西施。

人们常常会把众多美好的想象赋予珍珠。天然珍珠一般有彩虹般的色泽，一般分淡紫系、白色系、粉色系、黑色系、金色系等，每种颜色都蕴含一种美好的寓意：

淡紫系的珍珠——寓意着将赐予更多的聪明与智慧；

白色系的珍珠——寓意着无惧任何疾病，有着健康的体魄；

粉红系的珍珠——寓意将会拥有一段刻骨铭心浪漫的爱情；

黑色系的珍珠——寓意将会拥有无穷的神秘魅力，发挥出神秘的诱惑力；

金色系的珍珠——寓意将获得更大的权力与财富。

珍珠的颜色

白色珍珠：最为常见，比如南洋白珠、白色阿古屋珍珠和白色淡水珍珠。白色从颜色心理学的角度讲象征洁净、明快、神圣和纯真等。南洋白珠的色泽饱满、细腻、醇厚；阿古屋珍珠的白珠多伴有粉色或金色的虹彩，明亮、跳跃、灵动。淡水的白色珍珠安静、洁净、朴素。

金色珍珠：比如南洋金珠、金色的中国南珠。金色从颜色心理学的角度讲象征光明、奢华、高贵、辉煌、荣誉等，给人的心理感受是热烈并积极的。南洋金珠的金黄色饱满、细腻、华贵，有些伴有香槟金色，少量为金黄色。南珠的金珠色彩浓厚、稳重、安静。

黑色珍珠：以大溪地黑珍珠为主。大溪地的黑珍珠以黑色和深灰色为主基调，多有伴光，其中价值最高者为绿黑色，让人联想到孔雀。黑色从颜色心理学的角度讲象征深沉、稳重、古典、恬静等，带有绿色伴光的黑色看起来神秘、华贵、典雅。

粉紫色的珍珠：以淡水珍珠为主。粉紫色历来为女性色，既有女孩的明媚、少女的婉约，又有淑女的雅致。偏粉色调象征可爱、娇嫩、青春、温馨；偏紫色调象征高贵、典雅、成熟、浪漫。

灰色珍珠：比如银灰色的Akoya珍珠和灰色淡水珍珠。灰色象征中庸、平凡、谦和、中性、高雅等。阿古屋珍珠的银灰色给人的心理感受是高贵、成熟、谦逊、保守、可靠等。淡水珍珠的灰色既有白灰色，又有黑灰色。白灰色淡雅、理性、明亮；黑灰色则稳重、严肃、沉默。

混彩或怪色珍珠：比如一般淡水养殖珍珠和爱迪生珍珠。这类珍珠的体色不同于一般市场流行的主要色调，或珠光由多色混合而成。多色混合是指同一颗珍珠在日光、灯光等不同的光线下可呈蓝紫色、粉紫色和蓝黑色等。这种类型的珍珠为很多追求个性的消费者所喜爱，颜色瑰丽、浓厚，或奇异或雅致，不一而足。

珍珠与爱情

每一个民族都很重视婚姻与家庭，认为结婚是人生极为重要的大事。孕育珍珠的贝蚌的两瓣如同情侣，合在一起，用心去培养其中的珍珠，珍珠也成为爱情的象征。因此，在情人节或者是结婚纪念日，送上一条珍珠项链或是其他珍珠首饰最合意境。

宝石界的王后

珍珠与钻石、红宝石、蓝宝石、祖母绿、猫眼石等高档宝石齐名，具有“五皇一后”的美称。无论是西方还是东方，珍珠都被视为国色天香、母仪天下的最佳珠宝首饰。珍珠还被法国、印度、菲律宾和阿拉伯等国家奉为国宝。

佛教七宝之一

珍珠也具有很强的宗教意义，在古代，珍珠、金、银、青金、砗磲、珊瑚、玛瑙被并列为佛教七宝。古印度人相信，珍珠是由诸神将晨曦的露水幻化而成；波斯的神话则认为寓意光明和希望的珍珠，是由诸神的眼泪变成。

六月的生辰石

国际宝石界将珍珠列为 6 月生辰的幸运石，寓意的就是健康、长寿、富有。在美国，女孩长到 18 岁父母一般都要送一串珍珠项链以祝贺她长大成人。结婚的第 30 年，以珍珠来命名，称为珍珠婚。

人们形容父母宠爱的子女，常常会说一句“掌上明珠”，正是用人们珍视、爱护珍珠的心情，指代人们内心的珍视和宠爱。因此佩戴珍珠，就有受人疼爱、被人珍视的美好寓意。而如果是将珍珠送人，更是能够借珍珠的寓意表达出赠送者对对方的珍爱和珍重。

另一方面，珍珠的寓意也代表了子女与母亲之间的爱与祝愿。由于珍珠是贝蚌历经磨练而形成的结晶，珍珠也有一种“明珠长成”的美好寓意。长辈将珍珠送给家里的女孩，代表一种“吾家有女初长成”的深意，此时珍珠的寓意是代表长辈对晚辈健康成长、一路顺遂的祝愿；而子女也可以将珍珠送给母亲，表达子女对母亲悉心栽培的感恩；同时也借珍珠圆润、滋泽的质感，衬托母亲的温婉美丽。

珍珠作为礼物的寓意

珍珠作为礼物，有美好的寓意。

送珍珠的含义是什么？珍珠除了作为珠宝佩戴外，它所蕴含的寓意比起其他珠宝更为丰富，它的圆润温婉代表着女性的温和、柔美、贤淑，因此，珍珠是送女性珠宝时的首选。

在珠宝界，珍珠被称作珠宝中的“皇后”，同时珍珠也是佛教七宝之一，代表着健康长寿和吉祥的美好期许。在西方，珍珠被奉为6月的生辰石，它象征着健康、富贵和纯洁。而东方人则将它誉为“月亮上的宝石”，认为它能巩固友谊，强化心智与记忆。古人将珍珠视为生命中的一部分，并时刻佩戴在身上，作为幸运和健康的化身。

Monet

除此之外，送珍珠还有更多的含义：自古以来就有“珠圆玉润”“珠光宝气”一说。珍珠的内在结构也为同心圆状，内外皆圆，象征着“一家团团圆圆”“圆满幸福”之意。因此，在结婚典礼上往往少不了送新娘一条圆润饱满的珍珠项链，寓意婚姻的圆满幸福。珍珠项链不论是搭配婚纱礼服还是中式旗袍都显得气场十足，韵味仪态优雅。

珍珠有着美好的寓意，不只是戴在身上的装饰，它还是富有灵性的珠宝。送人珍珠，心传美善。

珍珠知识入门

珍珠的前世今生：珍珠是什么？

自古以来，珍珠就是人们心中财富的象征，作为比金子还要贵重的珍珠，历来就是王者的专宠，更是他们刻意追求的至宝。

具有瑰丽色彩和高雅气质的珍珠，象征着健康、纯洁、富有和幸福，一直深受人们喜爱。

珍珠象征着吉祥、健康、幸福，人们还将更多的美好寓意寄托在它的身上。“珠光宝气”代表着华丽尊贵；“掌上明珠”代表着心爱之人或心爱之物；“珠圆玉润”则代表着女人的美丽。从人类发现珍珠开始，珍珠就以其美丽和纯净的品质，成为人们众多美好品德的代名词。

珍珠色泽温润细腻，自然形态优美，正是这浑然天成的温柔美丽成为珍珠最为迷人的所在。

珍珠是唯一无须加工就天然生成并带有神奇生命力的珍宝，因为弥足珍贵，所以在很漫长的一段时间里，无论是欧洲还是中国，只有王室皇族才能享用珍珠。而中国早在两千多年前就已经开始开采和使用珍珠了。从西方到东方各国的皇室的王后都将珍珠作为自己国色天香、母仪天下的最佳珠宝首饰。

珍珠在中国的象征意义毋庸赘述，在有着上千年历史文化传承的其他国度里，珍珠也有着美好的寓意：古罗马人认为，珍珠是女神维纳斯的化身，象征着爱与美的极致；希腊人认为，珍珠是因闪电击中大海而产生的。

人们认为珍珠能巩固友谊，强化心智与记忆。古巴人将珍珠视为生命中的一部分，并且时刻佩戴在身上，作为幸运和健康的化身。

珍珠就字面上来说，蕴含着“珍惜”“珍重”“珍爱”“珍视”等含义。

Akoya 吊坠 耳坠套装 气质粉，满满的少女感

Akoya 特选珍珠 女神中的 C 位

中国珍珠发展的历史

珍珠是人类最早使用的珠宝之一，珍珠的历史非常悠久。它的光泽是浑然天成的，加上早期人们对宝石的加工技术是相对落后和低下的，而珍珠是无须打磨就能发光、发亮的珠宝。正是因为珍珠这种自然天成、美丽自然的特性，奠定了珍珠在珠宝产品中的地位。

关于中国珍珠发展的几个历史分期，可分成六个部分介绍。

一、萌芽期

时间点：新石器时代至战国
呈现形式：贡品
记载文献：《诗经》《山海经》《战国策》
著名典故：隋侯之珠

这个时期是从新石器时代至战国时代。这个时期的珍珠首饰基本上以贡品的形式出现，都是由民间采集到后进贡给皇室。这个时期出现了中国历史上的第一款首饰，就是周文王的一个发簪。

在商朝之前国内的珍珠是以合浦生产为主，那个时候合浦出产的珍珠被称之为南珠，是在世界范围内都享有盛名的。作为进献王室的贡品，所有在合浦采集到的珍珠都要进贡给皇室。一直到战国时期，合浦除了出产珍珠，也开始做珍珠生产和加工。

因为，珍珠的出现是比较特殊的，是人们偶然在海里发现了珍珠，再加上我们的先民对于珍珠的了解是比较浅显的，不知道它们是怎么形成的，就认为它是天上的神灵所赐，因为是天赐的东西，所以大家都会认为发现珍珠是上天对自己的一种恩赐，就相信它是有一些奇异功能的。所以那个时候人们不仅把它作为饰品佩戴，视为保佑自己的象征，更把它磨成粉做成各种药物。有一些商人甚至把它做成药物或者饰品，拿去跟别人交换粮食或兑换一些其他重要的东西。这个时期有一部很重要的文献《战国策》，里面记载了一个历史人物——吕不韦，他是战国时代的一个珍珠商人。

除了《战国策》，在早期的一些文献里，比如《诗经》《山海经》

中,也都有关于珍珠的介绍和记录。如果读者感兴趣的话可以去看一下《诗经》，里面有很多关于珍珠的内容，比如珍珠的成因，珍珠的采集过程，还有很多关于珍珠的典故。

再把时间轴往前推到新石器时代，其实在那个时代就已经有很多的先民，会把贝壳或者海螺做成首饰佩戴。

那个时代出土的墓穴里面，可以看到一些陪葬品，基本上都是贝壳类的饰品。因为当时的人们认为贝壳能孕育出珍珠，珍珠是天外来的、是天赐的宝物，那孕育珍珠的贝壳也是有神奇功能的，能让人死而复生，所以人们把贝壳放进墓穴，希望赐予死去亲人神奇的力量，让他们重生。

这个时期出现了一个著名的典故就是“隋侯之珠”。

故事讲的是战国时期，西周隋侯在一次出巡征地时，走到一个叫柞水的地方，看到山坡上有一个受了刀伤的大蟒蛇，觉得它可怜，动了恻隐之心，便动手给它治伤，蟒蛇伤愈之后围着他的马车连转了三圈后依依不舍地走了。后来隋侯出巡回来，再次走到这个地方时看到一个少年，少年拦下了他的马车，要献宝珠。隋侯问少年为什么要给他宝珠？少年没有说，隋侯也就没有收下。第二年隋侯又到这个地方出巡，有一天梦到曾经拦路的少年，少年跟他说，自己就是曾经被他救过的那条蟒蛇，因为感念他的救命之恩，没有什么能回报的，便将自己冠上的明珠送给隋侯，希望隋侯收下。第二天隋侯醒来发现他身边果真有一颗明珠，从此便随身携带。

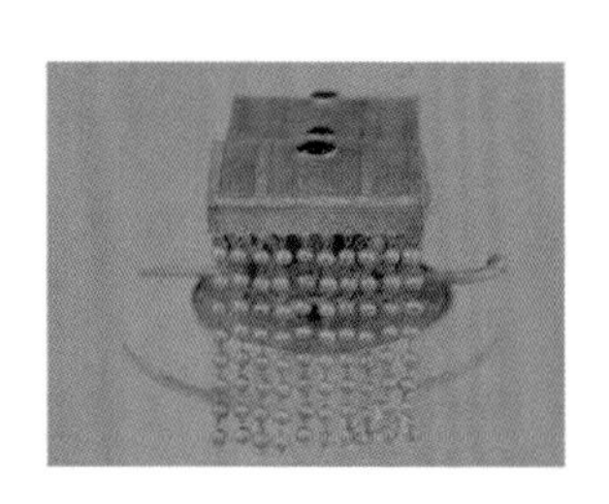

二 第一次兴盛期

时间点：秦汉至南北朝时期
呈现形式：王室御用，设立专门机构采集珍珠
记载文献：《韩非子》《史记·货殖列传》《盐铁论》
著名典故：买椟还珠 合浦还珠

二、第一次兴盛期

珍珠在中国历史上的第一个兴盛期是在秦汉至南北朝期间。

秦朝的时候中国实现了国土的统一，朝廷也设立了专门的机构来管理珍珠的采捕。从此所有的珍珠采集只能官方进行，禁止民间采珠和买卖珍珠。

这个时候珍珠在历史上的地位已经开始提升。到了汉代的时候，合浦这个地方作为珍珠的集散地，会有一些民众拿珍珠与离得近的越南换取粮食，这也是最早的珍珠贸易的方式，以物换物。

这些在《史记·货殖列传》里有记载，当时的人给珍珠分类，圆形的珍珠叫作“珠”，不圆的珍珠叫作“玑”，珠玑指的就是珍珠。

到了西汉，人类对于珍珠的喜爱已经逐渐形成一种文化，珍珠成了财富和身份的象征，是尊贵的象征。贫者以无珠为耻，富者以多珠为荣。有这样一种风尚，整个汉代的男男女女都是珍珠迷。尤其是汉武帝，除了朝服、帽冠会镶嵌珍珠外，他甚至用珍珠来制作光明殿的珠帘（全部用珍珠制作），也用珍珠装饰平时用的器物（盘子、鼎）。

三 第一次平稳期

时间点：隋、唐
呈现形式：王室御用，使用有严格的等级限定
重要国策：去奢省费，轻徭薄赋
重要事件：珍珠用于首饰，出现最早镶嵌有珍珠的首饰

迄今发现的最早镶嵌有珍珠的饰品

三、第一次平稳期

这一时期以隋、唐两个朝代为主，此时珍珠依然是王室御用，而且人们靠珍珠来区分等级和地位。什么样的级别佩戴什么样的珍珠，甚至

对佩戴珍珠的数量、品质会有严格的规定。

汉代的时候，皇室对珍珠进行了大肆的采集，导致到了隋唐二代的时候，珍珠的资源逐渐匮乏。这个时候，唐太宗采取了一个重要的国策“去奢省费，轻徭薄赋”，不再需要民间进贡珍珠，甚至开始对珍珠的采集放松了限制，形成了一定的缓冲。

后来唐高宗甚至下令停止向朝廷进贡珍珠，人们开始反思资源的问题，开始更多的去注重美感，珍珠被大量用在首饰中。

上图为一件头饰，是隋代大夫之女李静墓中随葬的一件头饰。上页左图是这件头饰，右图是镶嵌珍珠和宝石的项链。头饰给人以百花丛中的感觉，有蝴蝶，有珍珠，仿若百花齐放，精美至极。

项链用了微镶的方式，全部由手工打造，也是非常精美。

四、第二次兴盛期

这个时期是五代十国至明末。在明代的时候封建社会经济的发展达到了最高峰，此时的珍珠依然是以贡品的形式存在。

这一时期民间依然有一些交易场所，也会有一些以物换物的间接贸易的形式存在，但是大部分珍珠都是以贡品的形式存在，全部都要上贡。这个时期，人们开始广泛地把它运用在首饰和服饰装饰上。沈从文先生写的《宋元时装》这篇文章，对宋元时期的时装有很详细的介绍，从中可以看出那个时候珍珠在服饰装饰中的地位。

在宋代的时候合浦被设为郡，人们大力捕采珍珠。因为隋、唐两代的培养，所以到了宋代珍珠的产量又达到了一个新的巅峰时期，产量也是前所未有的。

同样，宋代的时候也开始尝试人工养珠。大家知道中国才是历史上最早开始尝试人工养殖珍珠的国家，而且这个时候我们尝试养殖珍珠的一些方法也传到了日本。

宋代对珍珠的利用同样也达到了新的高度。右图是一个珍珠的舍利宝幢。

这个舍利宝幢是北宋时候制作的非常珍贵的佛教艺术品，虽然距今已经有将近一千年的历史，但是它依然非常精美。现在它被收藏在苏州博物馆。整个塔身高达 122.6 厘米，通体采用的工艺也是非常精湛。最重要的是上面使用了 3.2 万颗珍珠。

珍珠宝幢是用珍珠和其他六宝连缀起来所制成的一个存放舍利的容器。这 3.2 万粒珍珠被全部编成珠串，大家可以想象一下它的精致程度。

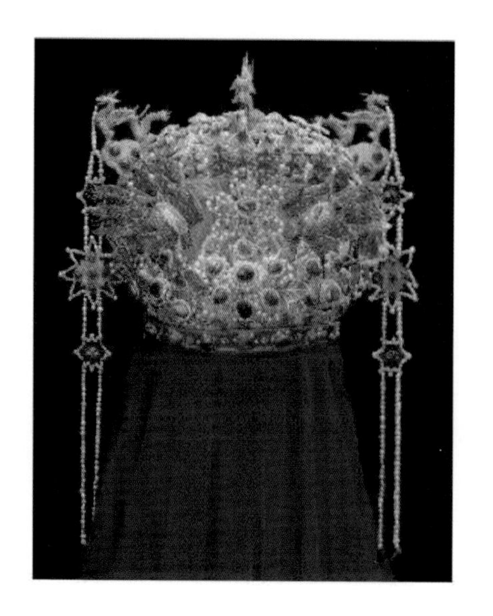

右图是在明定陵出土的其中一顶凤冠。一共有四顶凤冠，每一顶凤冠上都有上千颗珍珠，珍珠最多的有 5449 颗，最少的也有 3426 颗。由此可见，珍珠在整个首饰里面的镶嵌比例和它在王室所处的地位。

五、第二次平稳期

时间点：清朝至新中国成立

呈现形式：朝珠、朝服、珠帘、珠账、珠灯等生活各个领域。皇室贵族生前享用，死后用于陪葬

著名事件：1910 年开始，中国由珍珠进口国变为出口国，且出口的都是皇室的珍珠旧饰

五、第二次平稳期

这一时期是从清朝一直到中华人民共和国成立，其实在清朝的时候大部分珍珠依然被皇室所垄断。大部分的皇室和贵族都会把珍珠用于朝珠、朝服、珠帘、珠帐、珠灯等生活的各个领域，所有饰物几乎全部都会缀满珍珠。不仅是在生前享用，死后也会用很多珍珠陪葬，就是这样的一种疯狂的热爱和占有，我国也在 1910 年从珍珠的进口国变为珍珠出口国。

乾隆皇帝夏季朝冠（冠顶）

乾隆皇帝夏季朝冠

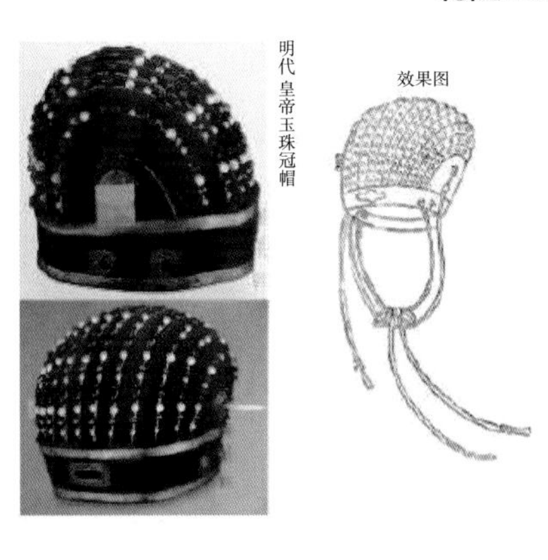

从北到南，黑龙江、鸭绿江、乌苏里江一带江边所出产的珍珠，有时候人们把它们称之为北珠，有时候也称之为东珠（因为出产于乌苏里江以东）。

再往南就是前文提到的合浦的南珠。清末国力衰弱，各国联军开始侵略中国，随之进入战争时期，战争又是很烧钱的，朝廷只能变卖物品，珍珠就是其中之一。

在那个时期，清政府开始出口珍珠，而且出口的全部都是一些皇室珍珠的旧物。

包括这个时期读者所熟悉的慈禧太后，她就是一个非常典型的奢侈的代表。慈禧时代也成了珍珠使用的鼎盛时代。

上页两张图是明清时期一些官员的单冠。右边的是万历皇帝棺椁里所发现的金丝羽扇冠，它的拉丝工艺非常的精致。上面也是镶满了各种珍珠，图案基本上是以龙为主。

元成宗皇帝像

戴姑姑冠的元代皇后像

上图是元成宗皇帝像，他耳朵上的那对耳环，跟当下的一些首饰几乎是一模一样的。上面一个圈下面吊一个珍珠，非常的时尚，在那个时代就已经很流行了。

六、第三次兴盛期

时间点：中华人民共和国成立至今

呈现形式：民间流通、交易逐渐繁荣，珍珠首饰、工艺品、保健品等多元化产品出现

著名事件：1958年，在广西合浦珍珠养殖实验场培育出我国第一颗海水养殖珍珠

六、第三次兴盛期

这一时期是从中华人民共和国成立至今。由于国内政策的扶持和养殖技术的推广，淡水养殖珍珠得到了非常充分的发展。在浙江、江苏、湖南、安徽、湖北以及江西等地方基本上全部开始进行大规模的淡水珍珠养殖，中国一跃成为一个淡水珍珠的养殖大国、出口大国。

珍珠大量的成功养殖让更多的人可以享受到珍珠的美，它不再受到阶层或任何方面的影响，珍珠在民间开始流通，交易也逐渐繁荣。而珍珠的首饰、工艺品、保健品等多元化的产品也开始大量的出现。这个时期一直到现在为止，珍珠产业日益繁荣，尤其在 1958 年，在广西合浦的珍珠养殖实验站，培育出了中国第一颗海水养殖珍珠。海水养殖珍珠的出现也让中国的海水珍珠开始大放异彩，甚至在那个时候南珠也有过一段死而复生的辉煌，只不过到了后来还是无力地走向衰弱。

中国珍珠发展的六个历史时期。从萌芽到兴盛然后到它的平稳到繁荣，等等，各个历史时期都有各种各样的关于珍珠的故事。包括现在故宫博物院展出的一些饰品，流传下来的不管是朝珠还是朝服，上面都会有珍珠的身影，而且每一件饰品都蕴含了历史变迁的故事。包括在各大博物馆里，都可以看到一两件珍珠的首饰。其实这些都充分说明了珍珠在中国漫长历史中的地位。

Akoya 三排戒指 日常佩戴 个性低调不张扬

Akoya 真多麻珍珠 灰色系 akoya 的王者 色调迷人

珍珠的品种与产地

南洋珍珠（南洋白珍珠、南洋金珍珠）

南洋珍珠是以地域命名的，它指的是南太平洋区域盛产出来的海水珍珠，简称南洋珍珠。

大家都知道，珍珠有很多种，比如Akoya珍珠、南洋珍珠、淡水珍珠、南洋金珠、南洋白珠、大溪地黑珍珠等，珍珠的命名方式最典型的就是以区域命名，比如南洋珍珠。南洋珍珠可以细分为南洋白珠、南洋金珠和南洋黑珠，这个细分模式就是在地域的基础之上划分了三种，根据主要特征、颜色划分为了白色、金色和黑色。这里主要介绍南洋白珠和南洋金珠。南洋黑珠也简称为大溪地黑珍珠，大溪地黑珍珠的知识是非常丰富的，所以会单独拿一章来介绍大溪地黑珍珠。

一、南洋珠源产地

从南洋珠的名称可以知道，它出产自南太平洋区域。

主要包括印度尼西亚、缅甸、菲律宾、澳大利亚、泰国这些海域，那为什么这些地方盛产珍珠呢?

第一个因素：这些地方属于南太平洋，水域比较温暖，不像北太平洋，水域比较寒冷（很重要的一个原因）。

第二个因素：特定的海域盛产特定的母贝，即适合养殖出珍珠的母贝。其中澳大利亚盛产白珠，印度尼西亚、缅甸和菲律宾主要盛产金珠，也产少量的白珠。

澳大利亚的珍珠养殖历史是从20世纪50年代开始。在人工养殖珍珠成功之前，珍珠主要是靠天然的贝壳孕育的。澳大利亚盛产大型的白蝶贝，但是由于人类的过度捕捞，白蝶贝资源迅速枯竭。在日本发明人工养殖珍珠技术之后，日本人工养殖技术带动生产、销售渠道日益成熟，所以日本人在培育Akoya珍珠之后，就在考虑其他品类的天然珍珠是否也能人工培育养殖。日本人以他们的技术和实力，在全球开始了珍珠养殖，其中就包括澳大利亚、印度尼西亚、缅甸，人工珍珠养殖技术基本是从日本流传过去的。

日本扩大了珍珠市场，就在这些原来盛产天然珍珠的地方尝试人工养殖珍珠，人工养殖珍珠就由Akoya珍珠逐渐扩散到中国的淡水珠、澳大利亚的南洋白珠、印尼的南洋金珠、大溪地的黑珍珠等。

二、南洋珍珠的母贝

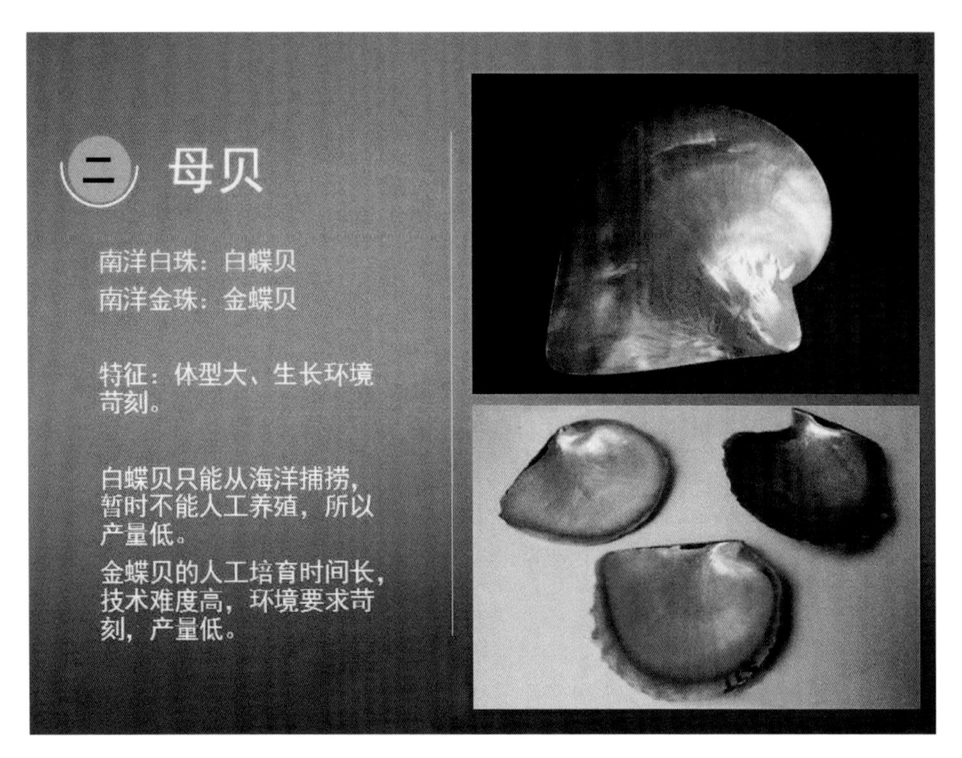

南洋珍珠的母贝主要有三种，这里主要讲白蝶贝和金蝶贝。白蝶贝孕育出南洋白珠，金蝶贝孕育出南洋金珠，黑蝶贝孕育出的黑珍珠就是大溪地黑珍珠。

黑蝶贝、白蝶贝和金蝶贝这三种贝壳的明显特征就是体型大，很多都在 200 毫米以上，比一个成人的手掌都大，也能够植入较大的珠核，可以孕育出与 Akoya 珍珠形成明显对比的南洋珍珠。

Akoya 珍珠的母贝是马氏贝，比较小，如小孩的手掌般大小，所以孕育出的珍珠也是比较小的，一般是在 10 毫米以下，8 毫米左右是比较常见的，9 毫米以上是比较难得的。因为母贝小，所以如果它植入的核过大，孕育的时间过长，会导致母贝的死亡。

这几种贝的生长环境是非常苛刻的，只能生长在特定的海域里。其中白蝶贝在澳大利亚的养殖依然是通过海洋捕捞，暂时还没有人工养殖的白蝶贝投入到养殖珍珠的过程中。

金蝶贝的养育也是非常困难的，日本投入大量的技术和资金从事养殖。目前金蝶贝也有少量人工养殖成功的，由于它的生长周期长，对环境的要求高，所以孕育珍珠需要很长的时间成本、风险成本和资金投入成本。这也从侧面说明了为什么海水珍珠贵。大家知道淡水珍珠一个蚌里可以诞生二三十颗珍珠，但海水珍珠一个贝里最多诞生两到三颗或者一颗南洋珠，这是植入产生的数量。对环境的要求也不一样，淡水珠一般放入湖里以后不需要太多的照顾。但是南洋珠养殖在深海里，每过两三个星期就需要为南洋珍珠做一次清洁，需要人工下到深海里或者把贝打捞上来清洁。仅这一点需要花费的时间成本和精力就非常大。

南洋珠的生长环境要求要更苛刻一些，如果遇到了台风或者海水的污染，就会导致整个贝链的死亡，珍珠的产出就为零。印度尼西亚 1997 年的那场大海啸，直接导致金珠产量的锐减，以致金珠的价格在那一年涨了 300% 左右。

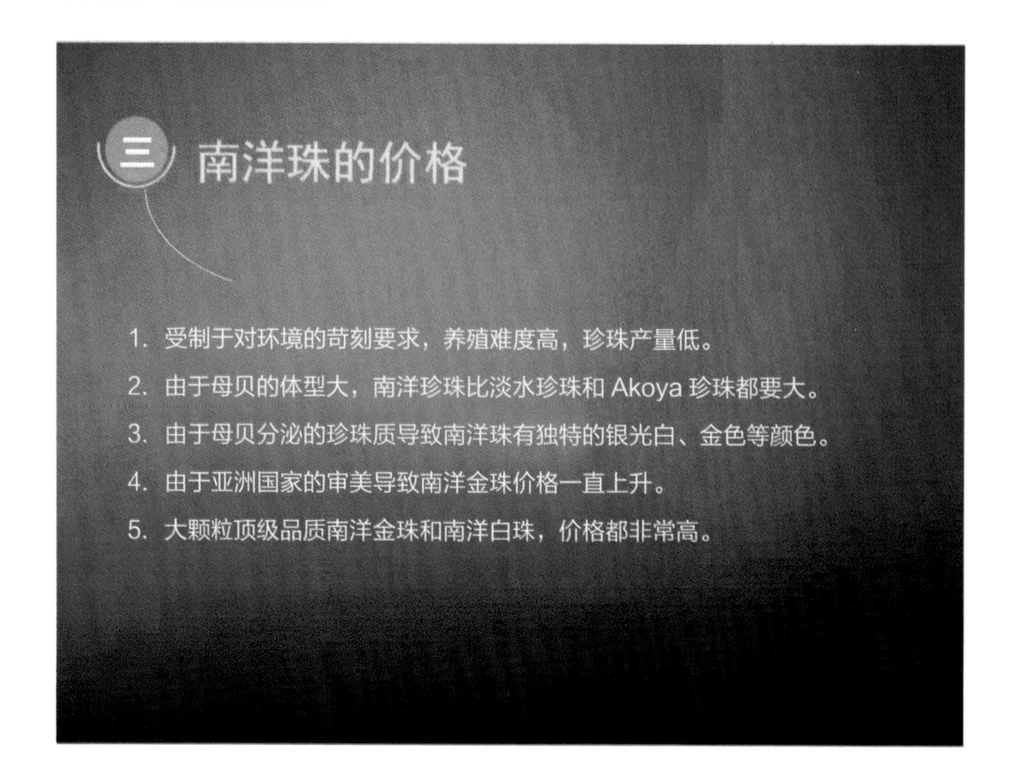

三、南洋珠的价格

受制于南洋珠对生长环境的要求、养殖难度，南洋珍珠的产量是偏低的。然而由于南洋珍珠的体型大，颜色独特，比如银白色、金色等，是非常受欢迎的。南洋珠这几年的价格一直处于持续上升的阶段，同时受到审美趣味的影响，价格表现也不一样。

最典型的是这几年亚洲人民经济水平的提高，对珍珠的需求越来越大。由于亚洲人特别喜欢金色和孔雀绿，导致这两种珍珠的价格一直居高不下，而且一直在上涨。在亚洲人大量购买金珠之前，美国和欧洲一些国家的人，对金色并不偏爱。所以说在亚洲的消费需求上升之前，金珠的价格较低，它的产量也低（因为市场没有需求）。因为，亚洲人民对金色和孔雀绿是特别喜爱的，所以这几种颜色的珍珠价格是最高的。南洋珍珠的价格影响因素，除了市场偏爱的倾向外，还受到珍珠本身质量的影响，比如说它的形状、大小、珍珠层的厚度等。

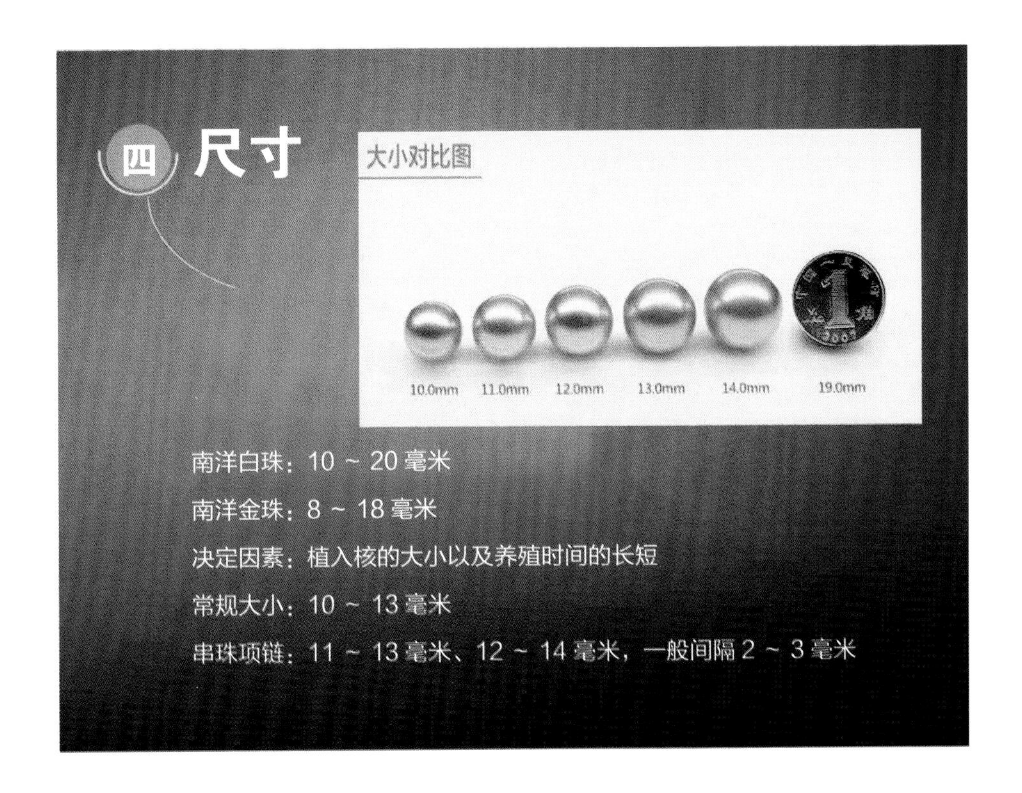

四、南洋珠的尺寸

南洋珠的形象特征，一般会从尺寸、形状、颜色、光泽、珍珠层厚度判别。

由于母贝的体型较大，所以常见南洋珠的大小为：南洋白珠是在 10 ~ 20 毫米之间；金珠在 8 ~ 18 毫米之间；一般在市面上见到的 8 毫米左右的南洋金珠，主要产地是在缅甸，缅甸生产小颗粒的南洋浓金色的珍珠，大部分南洋珠实际上的大小是在 10 ~ 13 毫米之间（它的养殖时间是在 2 年左右）。如果说想要养殖尺寸更大的珍珠，那就要冒着更大的风险。因为它要求植入更大的核，养殖时间更长，这样做会对母贝造成生存的风险。因为要持续地投入成本来照顾它，所以 10 毫米以上的大颗粒的南洋珠是非常珍贵的。

这里给大家介绍南洋珠的串珠项链。

淡水珍珠项链大小是 8 ~ 9 毫米，Akoya 珍珠是 8 ~ 8.5 毫米。淡水珍珠一般以一个毫米来间隔珍珠之间的大小，Akoya 珍珠一般以 0.5 毫米间隔之间的大小，但是在海水珍珠里它的间隔一般在 2 ~ 3 毫米之间。串一串海水珍珠项链，珍珠大小在 11 ~ 13 毫米、12 ~ 15 毫米、14 ~ 17 毫米等等都有。这是为什么呢？核心因素是产量小，产量小导致真正的高品质的珍珠更少，还要根据珍珠的大小、颜色、光泽度、表皮瑕疵匹配成一串相对完美的珍珠项链，自然难度就大大增加，这就是常见的海水珍珠项链在 2 ~ 3 毫米之间间隔的原因。

祖母绿的厚重和澳白的高贵永远相得益彰 优雅柔美大气的线条

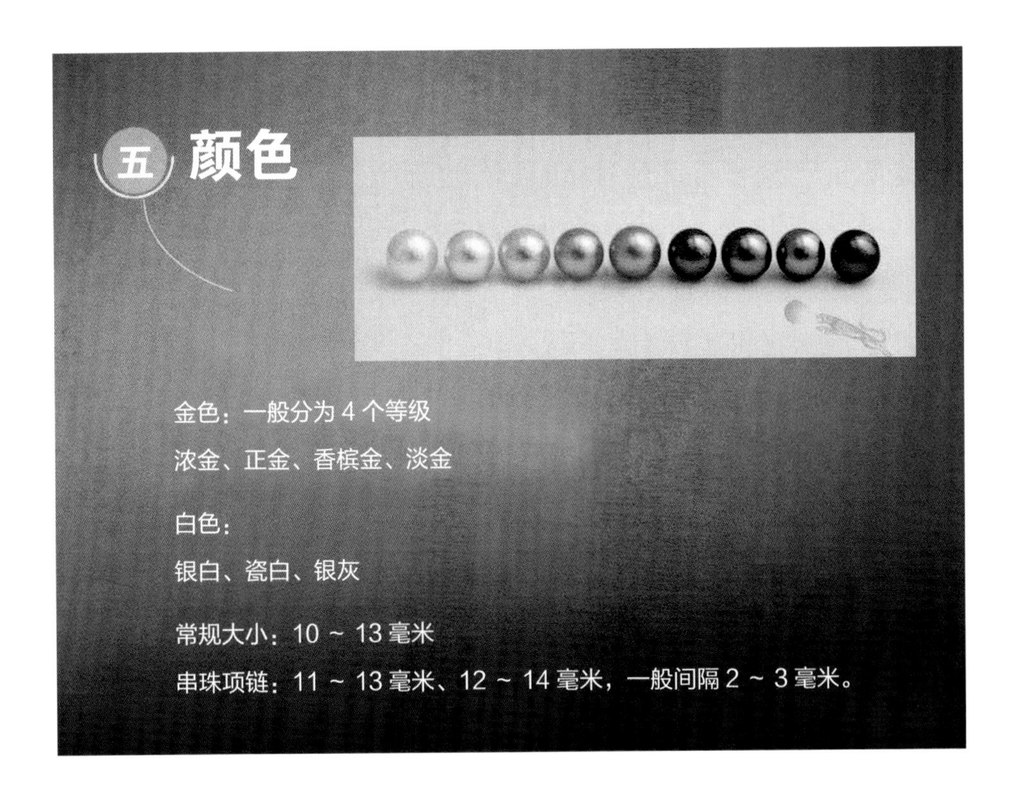

五、南洋珠的颜色

南洋珠的颜色，主要为金色和白色，还有一种是黑色，就是大溪地黑珍珠。其中金色一般分为 4 个等级，根据金色的浓和淡，分浓金、正金、香槟金和淡金。

金色的深浅对珍珠价格影响是非常大的，一颗浓金色珍珠和一颗淡金色珍珠的价格相差好几倍。

南洋珠的白色系，核心白色是以银白色为主，其中又有一些瓷白色、银灰色。银白色不同于常见淡水珍珠的那种白，以及 Akoya 珍珠的那种亮白和白里透粉的白。南洋珠的白非常浓郁，是很紧凑的白色。

白色系的珍珠有很多，淡水珍珠有白色，Akoya 珍珠也有白色，南洋珠也有白色，那这几种白色之间有什么区别呢？用语言其实是不太好描述的，读者最好多参照一下图片和实物。其中南洋白的颜色带一点点银色的感觉，非常厚实；Akoya 珍珠的白往往是带有偏粉的感觉；淡水珍珠的白没有强烈的光泽，它带着亮白的感觉。南洋珠拥有厚实的珍珠质，以丰润的丝般光泽而闻名，因此有较高的价值。

金色系里也有几种，淡水珠里的金色（橘色），Akoya 珠里的金色，南洋珠里的金色，这三种珍珠的颜色，除了从它的大小质地上辨别，还可以从细微颜色上区分：淡水珠里的金色属于极少数，金色比较淡，属于怪色珠；Akoya 珍珠里的金色也属于极少数，一般属于香槟金，不会太浓郁，也属于淡金；只有南洋金色才能产生非常浓郁的，像奶油一样好像要流淌下来的感觉。当然南洋金珠的体型也是最大的，一般在 10 毫米以上；Akoya 珍珠一般是在 9 毫米以下；淡水珠是很难找出来金色的，除非是染色的。

满钻重型 戒指吊坠
胸针三用款 极光澳白
女王气场 高级感爆棚

六、南洋珠的光泽

南洋珠的光泽难以用语言描述。对比光泽常拿淡水珠、Akoya 珍珠、南洋珠颜色来比较。常见的一个比较法是相对海水珍珠说的，也就是 Akoya 及南洋珍珠。因为海水珠所含的矿物质更多，南洋珠的光泽里又体现出一些厚实和浓郁特色的光泽，光泽的锐利度是要比淡水珍珠强的，淡水珠的光泽方面可能更柔一些，它没有海水珠的锐利度。南洋珠相对要比 Akoya 的珍珠层厚。

上图是南洋白珠，你拿它对比淡水珠也好、Akoya 也好，它给人的感觉是有一点点带银的，它的白厚实而浓郁。淡水珍珠的白色偏向于柔和。Akoya 的白色偏向于亮，没有这种厚重感。南洋珠的一个很重要的特色就是它的白看起来非常地厚和浓。影响南洋珠光泽的有珍珠层的厚度、养殖环境、母贝的健康程度，相对说，光泽越强，它的品质越好，价格也就越高。

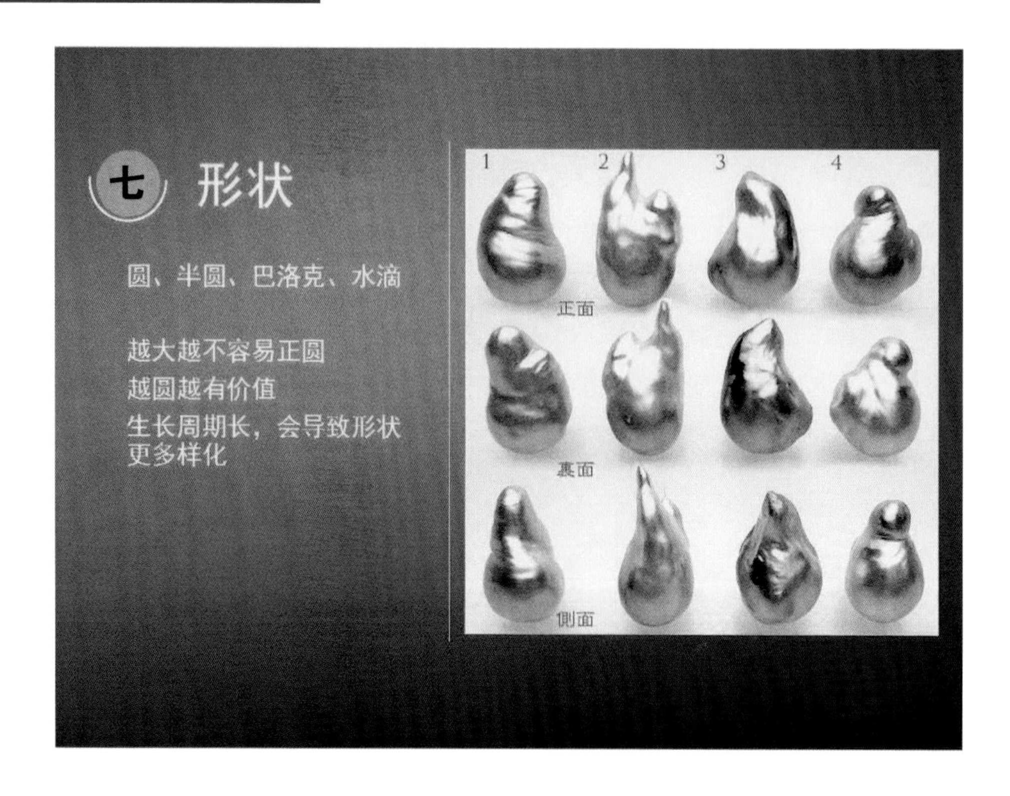

七、南洋珠的形状

南洋珠主要有圆、接近于半圆、巴洛克和水滴等形状。

Akoya 珍珠以及淡水珍珠，它们的形状各有特色。其中出圆率最高的是 Akoya 珍珠。Akoya 珍珠出现不圆的、半圆的概率是极低的。这是为什么呢？原因是 Akoya 珍珠植入的核是比较小的，同时养殖的时间不太长，珍珠层的厚度也不太厚，所以 Akoya 的出圆率是比较高的，在市场上见到的那种不圆的 Akoya 珍珠也是极少的。

淡水珍珠出现正圆的概率是非常低的。这里说的淡水珍珠指的是无核的，不包括有核的爱迪生珍珠。无核的淡水珍珠植入的是一个很小块的外套膜，所以在母贝珍珠质的层层包裹下，它出现的形状会是千奇百怪的，出现腰线的概率、瑕疵的概率，以及各种各样的形状的概率是非常大的。淡水珍珠里出现正圆的概率也是极小的，就是由于它没有植入圆形的核，这也和它的养殖时间以及养殖环境有关。

南洋珠相对于淡水珍珠和 Akoya 珍珠说，也是植入核的，但是它的正圆率要比 Akoya 珍珠低，比淡水珍珠高。由于南洋珠珍珠层的厚度（正常小颗粒的，养殖时间往往在一年半到两年）比较厚，包裹的时间比较长，南洋珠里出现巴洛克、水滴状的概率是比较大的，珍珠养殖时间越长，出现这种形状变形的概率也越高！为什么呢？因为珍珠在养殖的时候会经历海浪的波动，母贝的位置会移动，所以珍珠养殖时间越长，出现这种变形情况的概率就越大。这也是为什么说越大、形状越好的珍珠越贵，养殖时间越长（在各种情况的影响下出现好的珍珠的概率很低）。

温柔气质白蝶皇后

八、珠层厚度

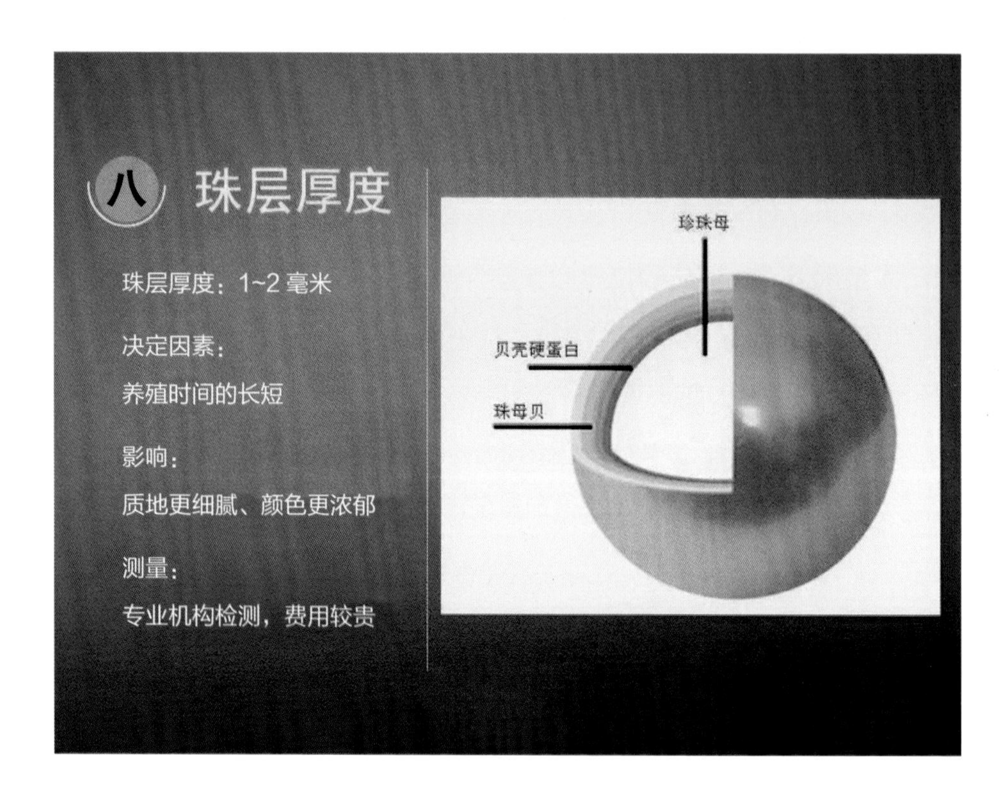

南洋珍珠养殖时间一般在一年半到两年，珍珠层的厚度大概在 1 ~ 2 毫米之间，是常见的 Akoya 珍珠厚度的好几倍。南洋珠为什么表皮看起来细腻，颜色比较浓郁呢？就是因为它的珠层厚，包裹在珍珠核外的珍珠质更多，所以使整个珍珠形成的感觉就更细腻，更浓郁，这是珠层厚度带来的结果。

南洋金珠是由金蝶贝分泌金色的珍珠质包裹起来的，珍珠层越厚表明珍珠质分泌的越多，所以它的金色看起来更浓。有些珍珠为什么看起来非常淡呢？除了环境因素外，核心的因素是养殖时间过短，导致颜色过淡。

一颗好的南洋珍珠，要有一个相对较厚的珍珠层。决定珍珠层厚度的核心是养殖时间，但是养殖时间越长，风险就越大，所以说这是相对而言的。一般珍珠层的厚度是在 1 ~ 2 毫米，如何去测量珍珠层的厚度呢？

目前，市面上大部分的机构是不具备这个测量技术的，它需要用一个专业的仪器去测量。不可能把珍珠切开了去测量，裸珠也不能打孔测量，所以说要想测量珍珠层的厚度需要用专业的仪器去测量。要出具珍珠测量证书的费用是比较高的，一般要花几百块甚至上千元。

特选珍珠

冷光澳白耳坠 高定奢华 黄白钻款

马贝（Mabe）珍珠 独有的彩虹炫光和艺术感 梦幻迷人的珍珠

满钻澳白耳坠 孔雀翎羽般的华丽

大溪地黑珍珠

大溪地黑珍珠非常有名，为什么呢？第一是因为特征太显著了（就是黑），第二是价格也非常贵，这是它非常出彩的地方。

大家很难想到自然界中会生产出一种如同黑宝石一样的天然珍珠。所以很多人对大溪地黑珍珠非常着迷。

大溪地黑珍珠究竟是怎样的一种珍珠？有哪些奇特的地方？为什么让人如此着迷呢？

首先我们来介绍大溪地黑珍珠的产地。

大溪地黑珍珠的产地是“大溪地”。那“大溪地”在什么地方呢?在南太平洋区域法属波利尼西亚。

“大溪地”，即塔希提岛（Tahiti），是法属波利尼西亚群岛118个岛屿中面积最大的岛屿，人们把这里生产的珍珠命名为大溪地珍珠。

岛屿离美国洛杉矶6200千米、日本东京8800千米、澳大利亚悉尼5700千米，非常偏远。

大溪地黑珍珠均出产于环礁岛的养殖场，这些环礁岛位于土阿莫土群岛、甘比尔群岛这些离主岛较远的群岛上。这些岛的水质和生态更适合珍珠的养殖；相反主岛因为居住的人口较多，对水质有负面的影响，不适合养殖。

大溪地除了盛产黑珍珠之外，它还是一个旅游胜地，甚至在很多人心目中，这里比马尔代夫更有海岛的气息。因为，原生态的美景以及波利尼西亚风情带给人的感觉更为静谧，大溪地得到了“离天堂最近的地方”的美誉。

孕育出大溪地黑珍珠的母贝——黑蝶贝，能分泌一种黑色的珍珠质，包裹侵入体内的异物，然后逐渐孕育黑色的珍珠。

黑蝶贝体重 5 千克左右，长度 30 厘米左右，和南洋珠的白蝶贝与金蝶贝差不多。95% 的黑蝶贝产于法属波利尼西亚地区，对于水质及环境的要求极为严苛，不然无法存活。

想到大溪地黑珍珠，首先想到的是它神秘的色彩。大溪地黑珍珠的颜色，主要分为几个色调。其中黑色有 5 个级别，白色 3 个级别，黄色和灰色也各有几个级别；但是主体还是以灰色为主。如果加上伴色和晕彩，大溪地黑珍珠的颜色超过百种之多。

其中有“孔雀绿”和“天蓝色”（国内非常受欢迎），还有少量的金色、银色、铜色；这些独特的颜色都非常吸引人，最大程度地满足了顾客彰显自我个性的需求，所以一直以来，美国和欧洲国家对大溪地珍珠一直非常喜爱。

中国人特别钟爱的颜色是“孔雀绿”和“孔雀蓝”，从而造成这几种颜色的珍珠在亚洲的价格居高不下。相反人们对相对呆板一点的“深黑”和“古铜”色就不太感兴趣。

大溪地黑珍珠的颜色取决于什么呢？

第一，养育黑珍珠母贝的质量和种类。

第二，珊瑚圈的水域、水质、生态环境。

第三，植入的内核。

这三点基本决定了大溪地黑珍珠的颜色。

影响大溪地黑珍珠价格最核心的就是珍珠质量因素。这里讲解影响大溪地黑珍珠的价格因素，主要是讲解珍珠质量之外的其他因素。

其中最主要的因素是大溪地官方对整个珍珠产业链的严格控制。这一点对价格的影响非常大。比方说每年要养殖多少贝，出产多少，出口多少都是受到官方控制的，必须拿到官方的授权才能进行销售。结果就是每年大溪地黑珍珠的产量以及品质都相对稳定，价格自然也是每年保持着上涨的趋势。正因为这种官方的干预，保证了产业链和生态的稳定，所以也不会出现价格大起大落的情况，这方面中国的淡水珍珠恰好是个反例。

此外大溪地黑珍珠的价格还受到区域的审美影响。比如中国和日本民众都非常喜欢“孔雀绿”和“孔雀蓝”，在这两个消费大国，这两种颜色的珍珠价格就非常高。再比如欧洲和美国比较喜欢“古铜”和“灰色”，所以这两种颜色的珍珠基本上也是销售到这两个地区。

在每年的大溪地拍卖会上，批发商或者品牌采购商都会按照当地消费者的审美有意识地选取，并制定符合当地对应的价格。比如灰色为主的，一般都是欧洲或者北美的竞价比较多。“孔雀绿”和“孔雀蓝”肯定是香港、台湾和内地竞拍的多，这都是因为各地市场对颜色的不同好恶导致的竞拍标准不一致。

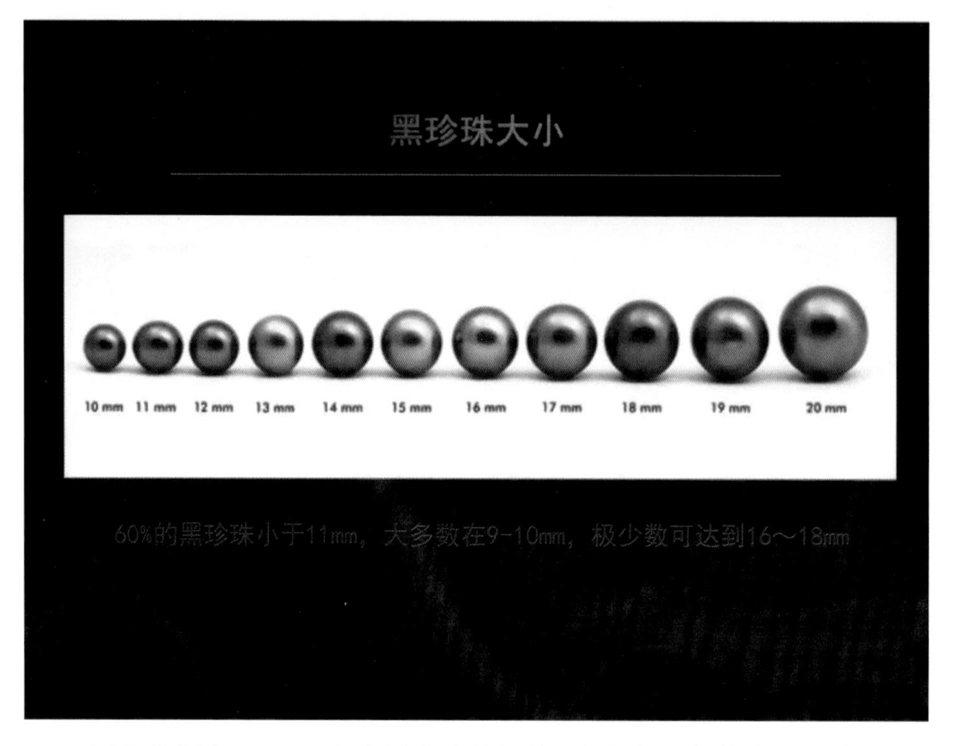

上图列出了10 ~ 20毫米黑珍珠的规格，每个规格都能直观地感受到。大溪地黑珍珠总量的60%都是小于11毫米的；大多数在9 ~ 10毫米，少量的8毫米；8毫米以下几乎没有。同时大颗粒的16 ~ 18毫米的，可以应用于流通市场的，也是极其罕见的。以上就是关于大溪地黑珍珠大小的市场概况。

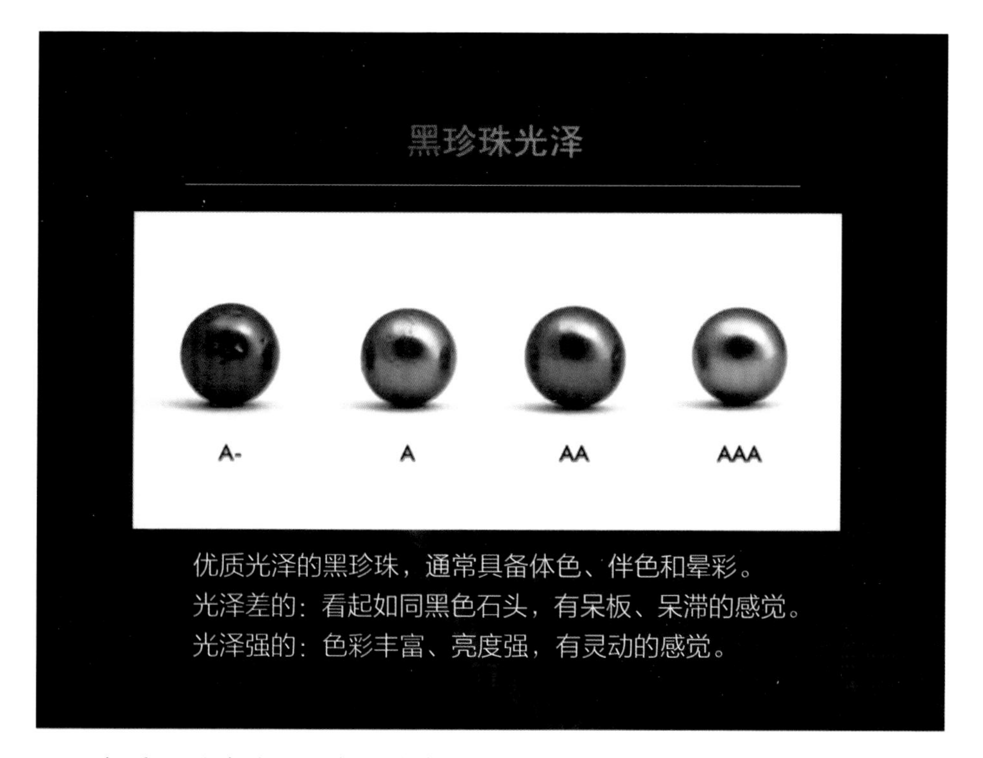

大溪地黑珍珠的颜色有本色、伴色和晕彩，其实它的光泽也是受到这些颜色的影响的。当一颗珍珠包含了全部这三种色彩的时候，它相对说看起来就更闪、更亮。有些珍珠只包含了一种颜色，那看上去就有些呆板。

比如有些黑色的珍珠感觉就像是黑墨水涂过一样，颜色呆板，光泽的照射反应也很弱，整体感觉就是呆滞。相反光泽强的珍珠伴有的色彩丰富，给人的感觉非常灵动，就像黑宝石一样，多种色彩非常通透，看上去流光溢彩。这就是好光泽给人的感觉，也会让珍珠的颜色看上去更漂亮，两者相辅相成。

再举个例子：Akoya 的“天女”珍珠包含三种色调，三种色调交织在一起，看起来以白色为底，伴有粉色又带一些银色，给人的感觉就是通透明亮。但大多数的淡水珍珠，因为没有多种色彩的相互交织，所以没有 Akoya 珍珠或者大溪地珍珠看上去的那种流光溢彩的感觉。

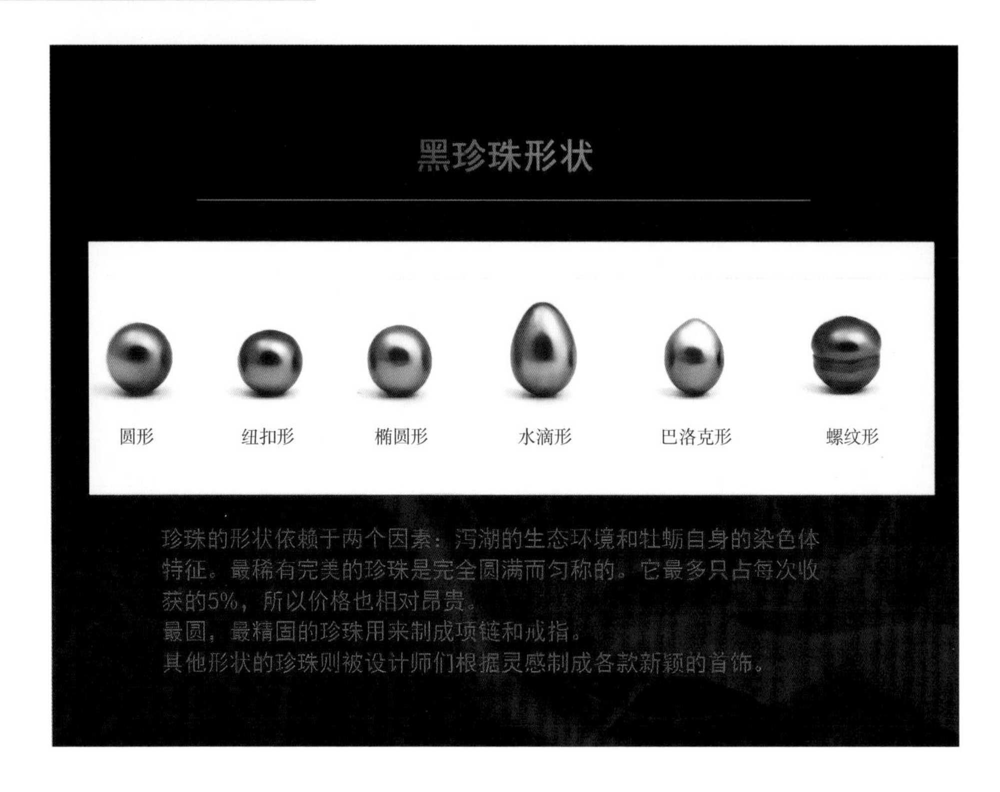

上图列出了六种形状：圆形、纽扣形、椭圆形、水滴形、巴洛克形、螺纹形。其实这六种形状也是整个南洋珠（南洋白珠和南洋金珠）的形状。

珍珠的这些形状主要取决于哪些因素？

首先取决于生长环境，就是母体蚌的生长环境，其次是蚌自身染色体的特征。这两点基本决定了珍珠的形状。

形状特别完美的圆形，表皮质量特别好的顶级黑珍珠，只占5%，即100颗中只有5颗。好的、圆的黑珍珠一般用来制作耳环、项链和戒指；次一级的用于个性化定制产品，那些品质实在差的就会回收并销毁。

黑珍珠珠层

政府严格控制：

保障了大溪地黑珍珠质量的相对高品质性。包括日本 Akoya，澳大利亚南洋珠等都对质量有严格控制。

出口标准：珍珠层不低于 0.8 毫米

珠层厚度：越大相对越厚

Akoya 厚度：0.3 毫米左右

南洋珠厚度：1~2 毫米

关于大溪地黑珍珠的品质前面讲过，官方有非常严格的管控；其中有一条就是关于珍珠层的规定。大溪地所有流通出去的产品，珍珠层不得低于 0.8 毫米，低于这个指标将被强制回收。

这是当地官方对整个珍珠业态的保护，它避免了因为劣质珍珠的流通，冲击到整个大溪地黑珍珠的市场和价格。有了更好的收益，才能有持续不断的投入，黑珍珠产业才能更好地生存和发展。

满钻澳白手链 强烈的奢华气场 高贵奢华璀璨 腕间 C 位无疑

满钻豪华镶嵌 海螺珠套件 满屏的火焰纹

名媛风双排 Akoya 珍珠手链 光感溢出屏幕 节节高升 看不腻的中式美学

特选大溪地孔雀绿珍珠 大溪地黑珍珠的尽头

南洋金珠项链与戒指 贵气完美的搭配

Akoya 珍珠

Akoya 珍珠，是目前市场上最热门的珍珠种类之一，包括它的款式、价格、受欢迎程度，Akoya 珍珠目前在市场上可以说是处于上升的阶段。在前几年的时候，它还没有这么火，但是这两年它一直保持曲线上升，价格在往上涨，包括它推出的款式，占有的市场地位，甚至整个 Akoya 珍珠的普及，越来越多的用户在关注这种珍珠。它为什么会受到欢迎？受到欢迎的原因是什么？它的价格比淡水珍珠要高，甚至和南洋金珠、大溪地黑珍珠都可以媲美了，那它为什么还可以持续受到市场的欢迎呢？

一、Akoya 珍珠的产地

日本三重县是 Akoya 珍珠的发源地，也可以说是现代珍珠的发源地，大家在市场上见到的所有的珍珠，它的养殖技术、经验，都是源于这个地方——日本的三重县。

Akoya 珍珠发源自日本三重县，经过多年不断的尝试，人们终于发现了在珍珠蚌里植入相应的珠核能培育出珍珠来，这是现代人类的一个发明，它在日本的三重县、熊本、爱媛县的濑户内海这块区域都有养殖。同时 Akoya 的母贝（马氏贝）在中国也有一些地方在养，广西北海、广东梅州等地出产的珍珠，统称为 Akoya 珍珠。

日本的三重县，风景非常美，它是在海边，海边上有很多小岛，其中有一座岛就是珍珠岛，这个岛上有珍珠博物馆，这是它的一个特色。同时这里温泉也很出名，海鲜也很出名，包括龙虾都是非常出名的，它也有全亚洲种类最丰富的水族馆，所以这里也是非常出名的旅游景点，是日本人旅游度假的地方，在中国目前来说知道的人还是不多的。

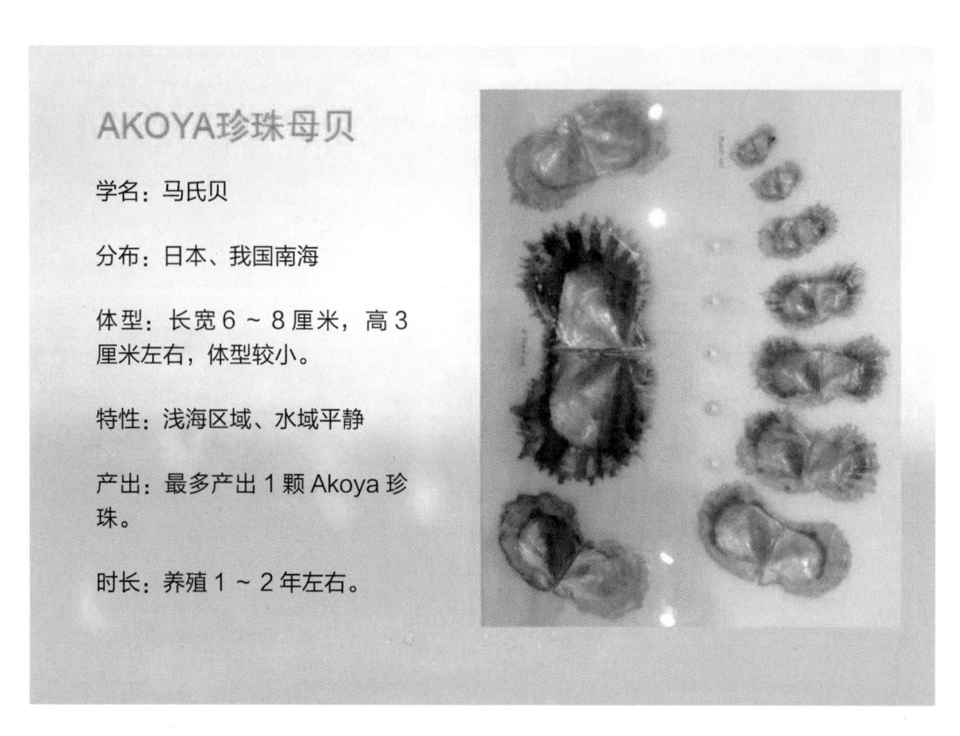

二、Akoya珍珠的母贝

Akoya珍珠的母贝学名是马氏贝，分布在日本以及我国的南海，Akoya珍珠母贝的生长有一个时间节点，一个月到两年这个时间段里Akoya珍珠逐渐变大，马氏贝养到两年的时候其实看起来也不是特别的大，所以马氏贝和我们说的三角帆贝（白蝶贝、金碟贝和黑蝶贝）有很大的不同，就是体型较小，它的长、宽一般在10厘米以下，高度在几厘米，比一个人的手指都小很多。它的一个特性就是产出量多，一般来说Akoya珍珠的养殖时间是一到两年左右，同时马氏贝是浅海的蚌类，不像南洋珠用的是深海的蚌，要深海养殖。

三、Akoya 珍珠的市场

目前在全球来说，不管去东京珠宝展还是去香港珠宝展，可以看到的是日本馆非常热闹，购买的人特别多，所以现在 Akoya 珍珠特别流行，特别火热，这是一个基本的现状。日本推出很多新的设计，经过半年或一年才会流入中国。Akoya 珍珠的价格基本每年都在平稳地提升，这两年提升得特别快，尤其是 2022 年，增长幅度甚至超过了 30%。

Akoya 珍珠品质也是控制得非常好，在国际珠宝展上是看不到非常差的品质的，背后的原因是值得思索的，日本人对整个珍珠产业链的把控，和在整个珍珠产业上的投入及沉淀，不仅仅是在源头和养殖上，在中间环节，就是流通的环节也在把控，甚至零售环节也在把控。比如说日本的知名珍珠品牌 MIKIMOTO 和它的零售环节，对珍珠款式的输出、对时尚的把控力，都是全球领先的，这是值得我们去思索的。

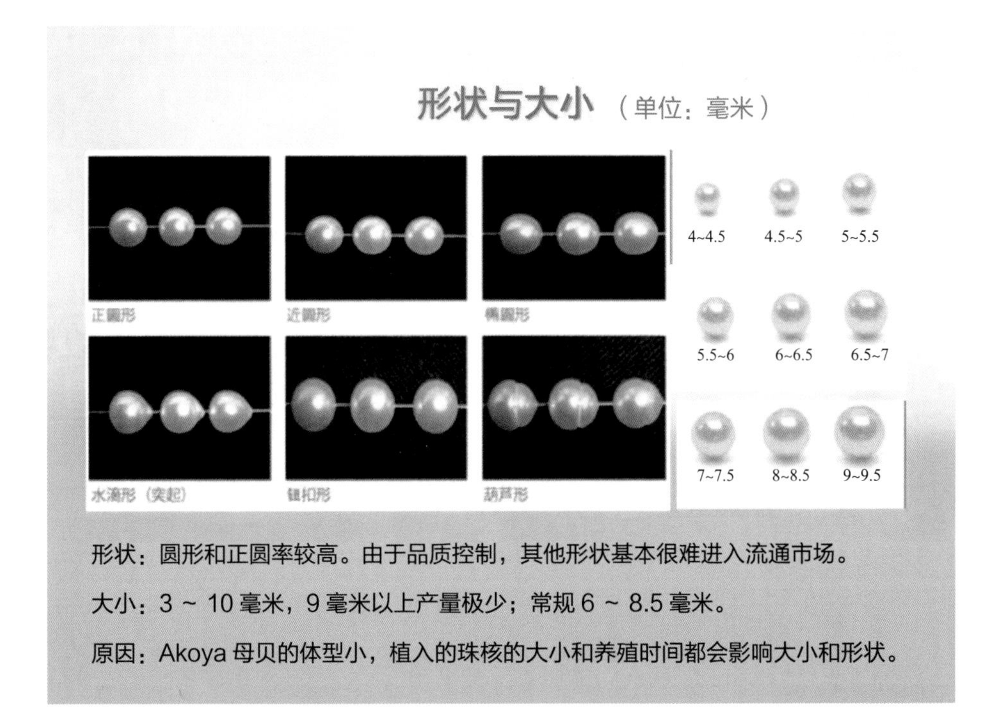

四、Akoya 珍珠的形状和大小

Akoya 珍珠是所有的珍珠品类里正圆率最高的珍珠种类，同时由于它的品质控制，基本上在市场上见到的 Akoya 珍珠都是正圆级别的，很难见到椭圆、水滴、纽扣这种类型。大小方面，Akoya 珍珠大小一般在 3 ~ 10 毫米，其中比较常规的大小是6毫米 ~ 8.5毫米，9毫米以上就是比较少的了。

原因是什么呢？为什么它的出圆率这么高，同时它的大小又不像淡水珍珠和海水珍珠那样，可以长到 10 毫米以上呢？最根本的原因是 Akoya 母贝的问题，大家可以看到，Akoya 母贝的厚度不大，长和宽很小，所以母贝的特性决定了不可能养殖出那么大的珍珠。养殖大的珍珠要求植入较大的珠核，马氏贝的体型容纳量比较小，珠核大了就会死亡，它就不可能存活下来，植入的核越大，死亡的概率越高，所以说 Akoya 珍珠中 9 毫米以上的价格是非常高的。价格高的第一个原因就是它很少，第二个原因就是它越大，好品质的珍珠就越少，9 ~ 9.5 毫米以上的珍珠同时特别光亮、表皮瑕疵特别少的，那就更少了。

颜色：白色系、银色系和金色系。白为主、银次之、金最少。价格依次递减。

光泽：除马贝珠之外最强的珍珠光泽，粉、蓝和银相伴的晕彩。

五、Akoya 珍珠的颜色与光泽

为什么消费者喜欢 Akoya 珍珠，喜欢 Akoya 珍珠真正的原因是什么，其实就是因为 Akoya 珍珠的颜色和光泽特别的漂亮，Akoya 珍珠的光泽是所有珍珠里最强的，除了马贝珠以外（马贝珠是彩虹色）。因为 Akoya 珍珠本身的贝壳养殖环境，以及日本人的精良养殖技术和后期对珍珠的加工技术是全球领先的，所以 Akoya 珍珠在光泽上基本可以说是所有珍珠中最强的。

颜色主要分为三个色系：白色、银色和金色系，产量上依次递减，白色最多，银灰色次之，金色最少，金色是属于淡金。这三种主色系会衍生出很多种颜色，不同的体色和伴色进行搭配，好的 Akoya 珍珠拥有三种干涉色：粉、蓝、绿。Akoya 珍珠里面品质最好最受欢迎的就是白里透粉，就是以白色为主，透着极强的粉色，看起来就非常的透亮，像婴儿白里透粉的皮肤一样，最受市场的欢迎。

表皮与珠层

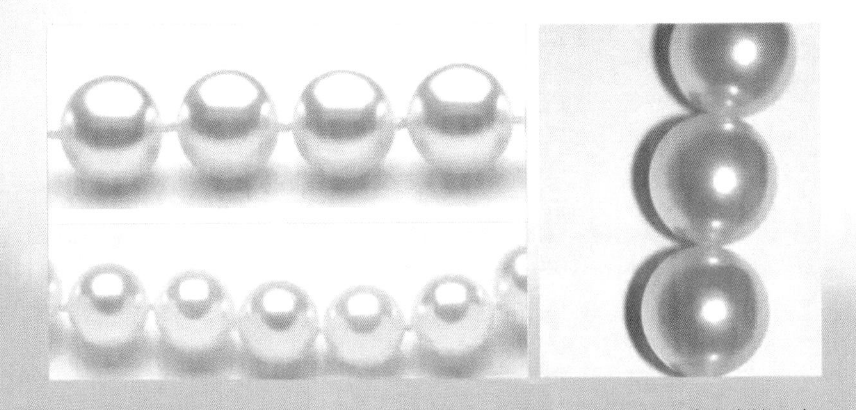

表皮：由于皮层厚度及种类原因，表皮一般都有细微褶皱。最顶级的才称之为镜面光。

珠层：0.3 毫米以上为佳，优质可达 0.5 毫米以上。花珠：0.4 毫米珠层以上。“天女”需要同时存在三种干涉色：粉、蓝、绿。珠层厚度影响珍珠的光泽和表皮。

Akoya 拉丝工艺 小香风耳钉 清新点缀

六、Akoya 珍珠的表皮和珠层

表皮其实就是我们常常说的瑕疵、光洁度，珠层就是 Akoya 珍珠的厚度，从上图中可以比较清晰的看到 Akoya 珍珠的表层，前面说过，Akoya 珍珠本身的这种马氏贝的体型和养殖环境也影响了表皮和珠层。Akoya 的表皮可以说是所有珍珠种类里最脆弱的，为什么用脆弱这个词来形容呢，那是因为看 Akoya 珍珠表面的时候，有一层褶皱的感觉，好像表皮有一点儿松的感觉，很多用户就觉得这个品质不好，其实不是这样的，Akoya 表皮有褶皱、有松的感觉也是 Akoya 珍珠最常见的现象，你能看到的表面上一点儿瑕疵都没有的、一点儿褶皱都没有的那种 Akoya 珍珠才是极少的、极难见到的，比如说之前提到的天女，像这么顶级的、价格比较高的、匹配严格的天女，仔仔细细去看的话，也能够在它穿孔的两端发现小的细微的褶皱。

这是什么原因导致的呢？其中一个很大的原因就是 Akoya 珍珠小、珠层比较薄，珍珠层比较薄就会出现这种情况，Akoya 的珍珠层究竟有多厚呢，行业数据是 0.3 毫米以上（Akoya 珍珠里比较好的珍珠层厚度在 0.5 毫米以上），其中 Akoya 里面有一类珍珠，品质上乘的珍珠，它有一个外号叫花珠，花珠有一个必须要达到的标准，就是它的珠层必须要达到 0.4 毫米以上。

什么是天女？天女就是从花珠里面挑出来的，干涉色非常丰富的花珠，我们称之为天女，它同时拥有三种干涉色：粉色、蓝色、绿色。

珍珠的表皮和光泽之间的关系是怎么样的呢？简单一点可以这样理解，珍珠层越厚，它看起来就越细腻，它的光泽看起来就越强，伴色、晕彩就会越多。

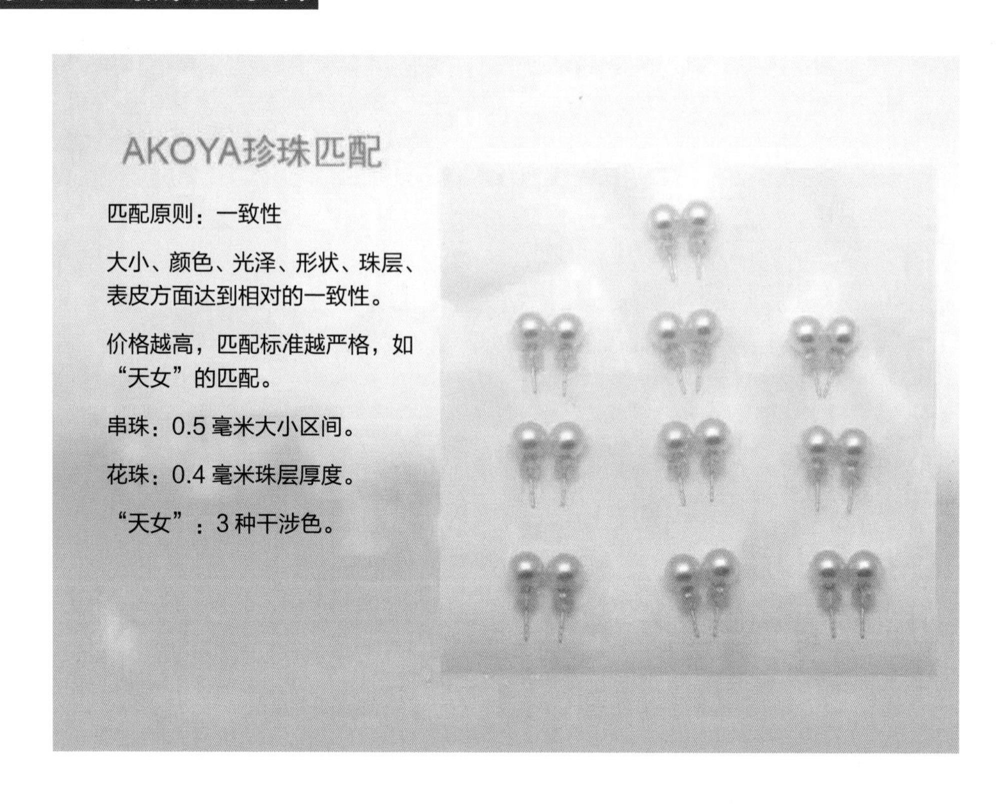

七、Akoya 珍珠的特性

Akoya 珍珠的一个特性就是匹配，匹配有一个原则我们称之为一致性。匹配也是我们人类审美的体现，不管是渐变也好，还是绝对匹配也好，它都体现出一致性，就是和谐、协调之美，其中 Akoya 珍珠在所有珍珠品类里是匹配最好的。举几个例子，比如说常规的串珠，淡水珍珠是 1 毫米的间隔，海水珍珠是 2 ~ 3 毫米的间隔，而 Akoya 珍珠间隔是 0.5 毫米；又比如说 Akoya 珍珠在花珠里面有一个必须的原则，匹配性是 0.4 毫米以上的珠层厚度，这个珠层厚度是它质量的体现，体现在哪里呢？有好的珠层厚度，就会在光泽上面有比较好的表现，比如说“天女”，“天女”的三种干涉色就是一个匹配性的表现。

大家可以看到上图的珍珠耳钉，这些珍珠耳钉颗颗看起来都几乎是一样的，其实这个匹配也是非常难的，就是要在很多珍珠里面去匹配，常规的抓一把，抓十几二十颗起来是很难匹配成功的，因为 Akoya 珍珠有光泽，不管是光泽强弱、干涉色、珠层表皮相似度，每一个点都要对应好，才能匹配到一对耳钉。匹配也有一个原则，相对来说，价值越高的产品、越贵的产品，它的匹配严格要求度就越高。

孔克珠

“钻石是女人最好的朋友。”当梦露神采飞扬地说出这句话的时候，无论男人还是女人都会深深被她吸引——真是一个比钻石更闪耀迷人的人儿啊！不过，这世上还有一样东西，比最大最亮的钻石更难得，比摘不到的星星更珍贵——它就是孔克珠。

形容孔克珠最精准的词汇恐怕就是低调的奢华了。换句话说，就是那种不晒酒店下午茶，不露品牌 Logo，只要你身上佩戴一件孔克珠首饰，懂行的人就知道你的品位了！这就是它的奢华。

说起珍珠，没有人不知道的，但一提起孔克珠，恐怕连珠宝专业人士也是近几年才有所听闻。现今孔克珠在拍卖会上的风头正旺，让很多人误以为孔克珠是一种刚刚被发掘的珠宝新贵。

早在 19 世纪，就已经出现许多精美的孔克珠作品。纵观历史长河，从维多利亚时期、新艺术时期到 ARTDECO（装饰艺术）时期，孔克珠的身影从未缺席。

孔克珍珠（Conch Pearl），是海螺珠里面最出名的一种天然珍珠，也渐渐成了海螺珠的代名词。孔克珠属于非常稀少的天然珍珠，颜色多见于粉红到红色之间，产于中南美洲的加勒比海域。当地人在食用海螺时，会先在海螺的尖端处开洞，以便探究是否有孔克珠。区别于其他珠宝的鉴别，孔克珠鉴别时，孔克珠的表面有类似于火焰状的光彩。

孔克珠的数量非常稀少，甚至相当稀有，但是海螺珠，由于它的纯天然无法养殖性，导致好珠一颗难求！这就是孔克珠成为罕见而昂贵的天然饰品的重要原因。

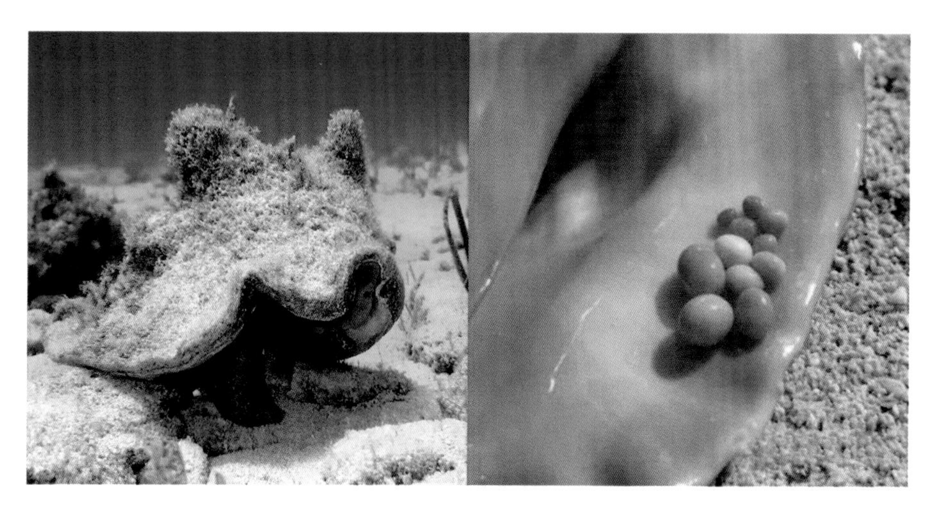

孔克珠产自名为 Queen Conch 的大凤螺，日本人更是给大凤螺赋予了女王凤凰螺的美名。它的形状似号角海螺一般，有着粉中带橙的绝美颜色。当其他蠕虫钻入大凤螺体内，它自身分泌的钙质便会结晶，最终幻化成为一颗动人的海螺珍珠，这与日本最为著名的 Akoya 珍珠成长的过程非常相似。不过，孔克珠的硬度与韧性都比 Akoya 珍珠略胜一筹，并有着如陶瓷般细腻的光泽。

在大约 5 万只海螺里面，才可能寻觅到一颗孔克珠。目前加勒比海域每年总共最多只能发现 2000 ~ 3000 颗海螺珍珠，但由于成色参差不齐，美丽者甚微，其中最多只有 20% ~ 30% 才可用于首饰的加工，也就是说 600 颗左右可用于加工，而这 600 颗，并不都是完美的！也就是说完美的孔克珠，极为少见。

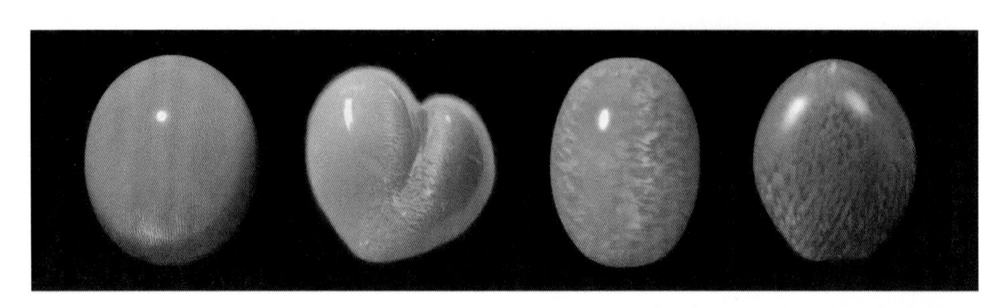

近乎完美的孔克珠是什么样的呢？当你借着阳光转动一颗至美的孔克珠，能看到海浪似的精致白色纹理遍布于最美丽的天鹅绒之上。独特的纹理、火焰形状的结构，令孔克珠有如丝绸般细腻高雅的光泽。每一颗孔克珠都有着不同的火焰纹，独一无二。绝大多数海螺珍珠都是棕色调、米色或者象牙白，稍微带粉色的都会被称为“粉珍珠”，并以天价出售。

孔克珠钻石胸针
售价约 4800,000 元

孔克珠的定价方式和钻石有点相似，因为每一颗珠子都是不一样的，所以不同成色、颜色、火焰纹的海螺珠，单克拉的价格会有很大差距，即便说是“一珠一价”也不为过。具体来说，以颜色漂亮（深粉贵于浅粉）、焰纹明显、形状规则（正圆或椭圆）、无天生虫眼或瑕疵为贵，以颜色不均、有黄斑、焰纹不明显、形状不规整、有虫眼或瑕疵为价廉。

由于二十世纪七八十年代日本泡沫经济的影响，目前全世界可流通销售的孔克珠大部分都在日本珠宝商手里。不过这些价值连城的海螺珠饰品更多地出自欧美知名老牌（比如Cartier、Harry Winston、Tiffany等）。

为什么全世界首屈一指的珍珠大品牌M家不是孔克珠制作的先驱者呢？这个问题其实很好解答，因为老板创业时基本都专注于Akoya珍珠的养殖，精力还没放到孔克珠身上，直到二十世纪二三十年代，日本走向军国主义，经济高速发展，才开始有实力从海外购入珍贵珠宝，包括一些彩宝。

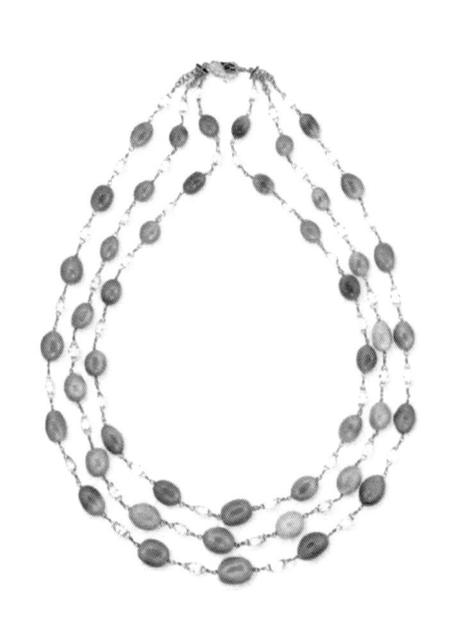

而孔克珠在欧美的历史更为悠久，英国在维多利亚女王时期（亚历山德里娜·维多利亚，1819-1901年）就拥有了很多孔克珠的珍贵饰品。那是英国历史上最强盛的号称日不落帝国的时期，也通称为维多利亚时代，一直到第一次世界大战开始的1914年，英国都相当强大。19世纪英国的航海技术也有了飞跃发展，所以，当频繁的远程航行成为可能，他们亦开始从美洲的加勒比海域寻找和购买珍贵的孔克珠。

近几年，香港和内地的同胞也开始关注孔克珠了，目前孔克珠在香港已经被大量买入并大幅涨价。现在，孔克珠的意义不仅仅是大自然的杰作珍宝，更是难得的投资选择。

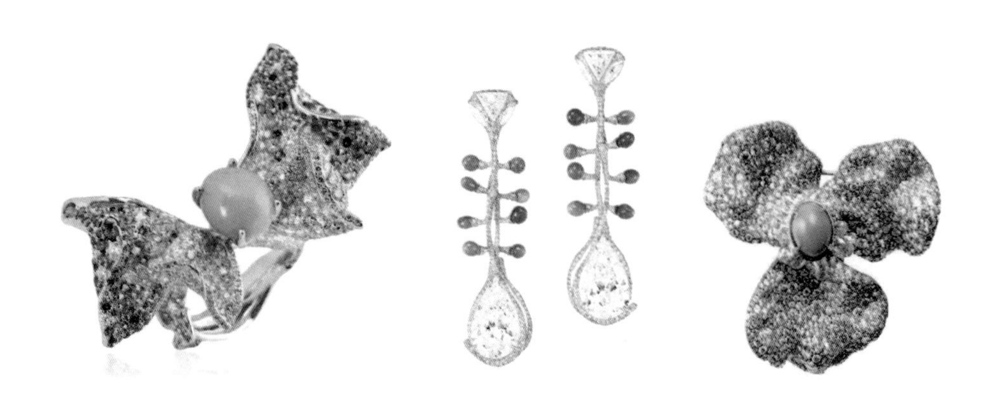

孔克珠如何鉴定?

对于消费者而言，在挑选时，最担忧的就是如何辨别真假。每一颗天然的孔克珠都具有特征性的表面生长纹（如火焰纹），有些较为明显，有些则需要放大观察。

市场常见的假海螺珠，通常是用海螺壳打磨而成的，虽然在颜色上与孔克珠非常接近，但是海螺壳天然形成的一圈一圈的结构纹理难以除去，这是辨别真假海螺珠最明显的特征。

孔克珠如何保养?

和大多数有机宝石一样，应避免让孔克珠接触酸、碱类化学品；要避免硬物划伤，单独存放收纳；远离厨房油烟；不要清水浸泡洗涤，只可用软湿棉巾小心抹净，自然晾干后收纳。不要长期将孔克珠放在保险箱内，也不要用胶袋密封，要定期接触新鲜空气；避免暴晒，以免脱水。

孔克珠的价格和市场前景

普通天然珍珠都按直径或者克重为单位计价，只有孔克珠是按克拉计价（1 克 =5 克拉）。在国际性的拍卖会上，孔克珠经常会以意想不到的天价成交。2003 年 6 月，在香港宝汉拍卖会上，迄今为止世界上最大的孔克珠（100.4 克拉）以 270 万美元的价格成交，再次刷新单颗珍珠成交价格纪录。自 2007 年至今，香港苏富比拍卖仅有 14 件孔克珠参拍。

随着欧美收藏家的追捧，国内市场也刮起了一股不小的风潮，虽然价格昂贵，克拉单价高达数万美金，但还是一货难求，市场前景非常看好。

珍珠的分类

首先，我们把珍珠分为天然珍珠和养殖珍珠。那么天然珍珠是天然的贝或蚌体内形成的珍珠，在整个形成或成长的过程中是没有任何人工干预的。

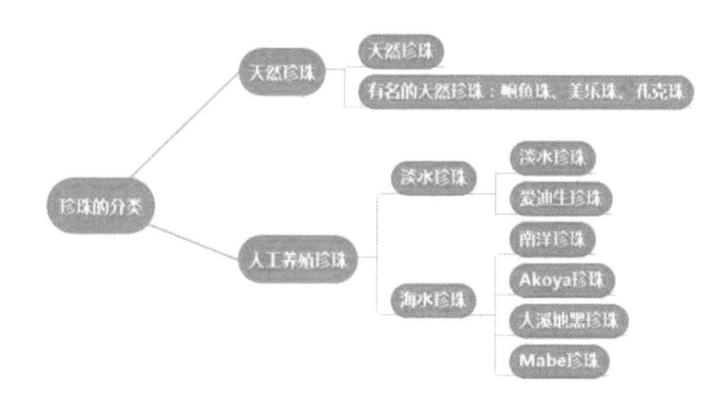

上图古朴的皇冠上面所镶嵌的形状不规则的珍珠就是天然珍珠，价格十分昂贵。

上图颗颗珍珠都非常圆润、光滑，色彩十分艳丽。这是人工养殖的珍珠。

在人工养殖珍珠出现之前，我们所看到的一些文字、名画所记载的珍珠都是天然珍珠。

养殖珍珠通过人工培育方法，在贝或蚌的体内养殖珍珠。根据养殖水域的不同可分为海水珍珠和淡水珍珠。

下面介绍几种比较有名的天然珍珠。

天然珍珠

天然珍珠

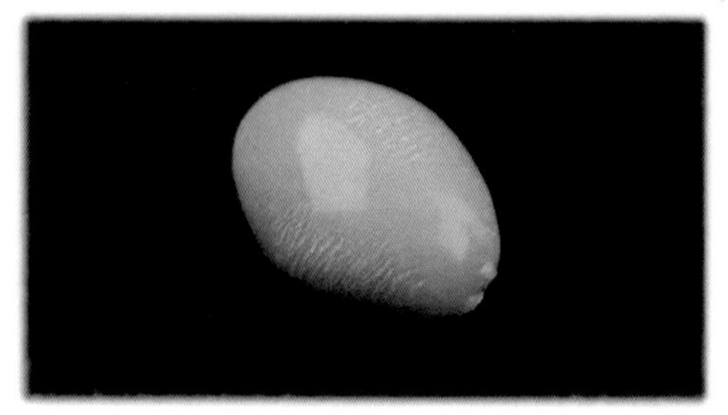

孔克珠

首先，看上页图左侧的图片。在这幅图片上可看到有英文和中文的注解说明。它们是天然的海水珍珠，并且非常稀有。

图片是在香港珠宝展上拍摄的。左侧细如米线的珍珠，一串大约折合人民币 15 万至 20 万，它的价格是十分高的。虽然从外形上看品质比较差，但可贵的是天然形成！即使在卖价比较高的情况下依然会有人买。

图右侧的珍珠的名字叫孔克珠，孔克珠被称为世界上最珍贵的有机宝石。它产自中南美洲加勒比海域，它的妈妈是大凤螺。到目前为止还没有发现能人工养殖的海螺，所以它也是天然珍珠，最可贵的也就是在这里。因为它完全是由自然分泌物形成，所以形状各异！最大不超过 10 毫米，很多人为它痴迷，尤其在高端珠宝和收藏界，海螺珠一再被炒的价格非常高。图片中白纹叫火焰纹，有火焰纹的海螺珠比没有火焰纹的海螺珠更加珍贵，这也是只属于它的评价标准。火焰纹有的很漂亮，有的不漂亮，越漂亮的越贵。另一个也要看它的整体造型，整体形状也会影响到价格。它是可遇而不可求的，价格十分昂贵，目前一克拉的海螺珠售价在 10 万 ~ 20 万。

另外两种特别珍贵的天然珍珠是美乐珠、鲍鱼珍珠。

美乐珠（Melo Pearls）

鲍鱼珍珠

上面左图中的橘黄色珍珠就是美乐珠。美乐珠也是生长在海螺里。它的妈妈叫作木瓜螺（椰子涡螺），生长在缅甸、泰国和越南等东南亚一带的海域里。这种海螺珠能被找到的概率是非常小的，几乎几千分之一，所以也是非常的名贵。

另一种珍珠就是上面右图的鲍鱼珍珠。在通常情况下，鲍鱼体内是不会产生珍珠的，除非它体内进入了一些异物，在这种情况下鲍鱼才会产生这种珍珠。所以它也是非常昂贵的。有人说大概 10 万只鲍鱼才可能产生一颗鲍鱼珍珠，现在的市场价格大概在 8 万 ~ 20 万。

天然珍珠非常稀少。在中南亚的一些国家，像阿拉伯，在民众信仰的宗教里，就有对天然珍珠的崇拜或者说是崇尚的心理。他们经营的珍珠品类都是天然珍珠，将之视为上天赐予人间的宝贵礼物。所以在天然珍珠非常稀少的情况下，人们依然坚持选用天然珍珠。

淡水养殖珍珠和海水养殖珍珠的不同特点和优势

首先看淡水养殖珍珠。淡水养殖珍珠主要的生产国家有中国（之前还有美国和日本）。中国是现在世界上最大的淡水珍珠养殖国。全世界 95% 以上的珍珠几乎都来自中国。目前市面上的淡水珍珠，包括在东南亚、泰国、韩国、缅甸售卖的，基本上都是中国出产的。

淡水珍珠的颜色主要有白色、紫色和橙色这三种颜色。这三种颜色是最常见的。除了这三种颜色之外，还有其他的颜色。我们叫它异色珍珠，就是不能够很好地用我们对颜色的认知去定义的颜色。到目前为止，珍珠的颜色被认为是不可控制的。在开蚌之前你不会知道是什么颜色的珍珠。有人会质疑是不是人为染上去的颜色？当然不是！是蚌对紫外线的吸收，以及吸收的微量元素的不同等多种因素导致的颜色差异。

另一种淡水养殖珍珠是爱迪生珍珠，爱迪生珍珠是利用有核养殖的方式进行淡水珍珠培育。爱迪生珍珠的成功培育，代表了淡水珍珠养殖的新高度。

有核养殖是海水珍珠的培育养殖做法。经过长达十年之久的研究，反复尝试后，爱迪生珍珠的研究成功曾轰动全世界！当年的美国周刊曾用整版的篇幅去报道。所以，看到它在整个业内形成的影响力是非常大的。

爱迪生珍珠比普通的淡水珍珠更加圆、更加大，颜色也更加光亮和丰富多彩。爱迪生珍珠有紫色、橙色、古铜色、金属色、巧克力色、白色等。

海水养殖珍珠介绍

第一种，看 Akoya 珍珠，常见的颜色有白粉色、钢灰色和香槟色，生长周期是 3 ~ 4 年，产自日本。

第二种是南洋珠，它主要产自菲律宾、澳大利亚、印度尼西亚、缅甸等南太平洋国家。最常见的颜色是白色、金色，也会有一些银灰色。它的生长周期是 5 ~ 6 年。

第三种是大溪地黑珍珠，产地为大溪地。最常见的颜色是绿色、蓝色、浅紫色、紫红色、银灰色，生长周期大概是 4 年。

Akoya珍珠 (3 -10毫米)
产出蚌类：马氏贝
主要产地：日本

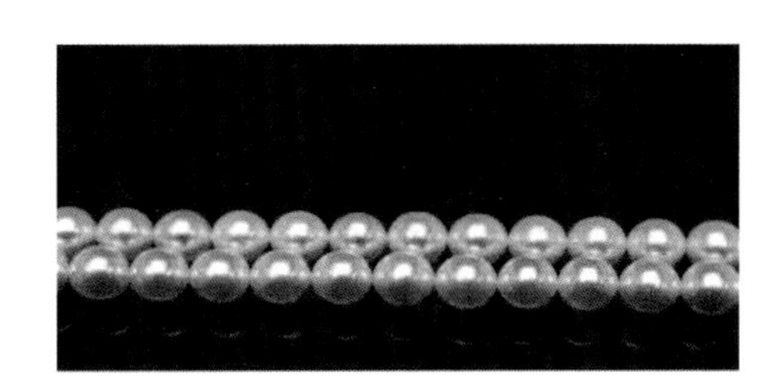

从上面的图片里可以看出 Akoya 珍珠的美感。近年来 Akoya 珍珠深受追捧，因为它的颜色很衬肤色，光泽很抢眼、颜色很漂亮！无论是欧洲的皇室，还是好莱坞的明星都是 Akoya 珍珠的粉丝。

白色南洋珠（9 ~ 20 毫米，8 ~ 9 毫米为少量）
产出蚌类：白蝶贝
主要产地：澳大利亚（菲律宾、印度尼西亚、缅甸亦有出产）

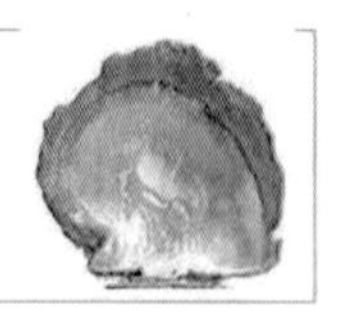

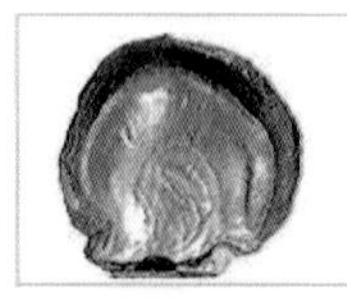

（8 ~ 18 毫米）金色南洋珠
产出蚌类：金蝶贝
主要产地：菲律宾（澳大利亚、印度尼西亚、缅甸亦有出产）

大溪地黑珍珠：（8 ~ 20 毫米）
产出蚌类：黑蝶贝
主要产地：大溪地

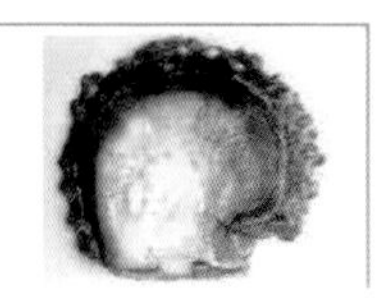

南洋珍珠是生长在南太平洋一带的海水珍珠。

白色南洋珍珠（南洋白珠）：最常见的大小是9 ~ 20毫米，另外8 ~ 9毫米也有，但是不太多，妈妈为白蝶贝。产地在澳大利亚（菲律宾、印度尼西亚、缅甸亦有出产）；

金色南洋珍珠（南洋金珠）：大小一般在8 ~ 18毫米，妈妈为金蝶贝，产地在菲律宾（澳大利亚、印度尼西亚、缅甸亦有出产）；

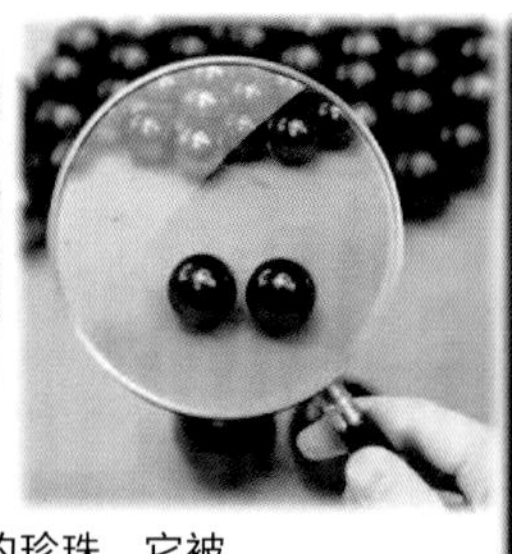

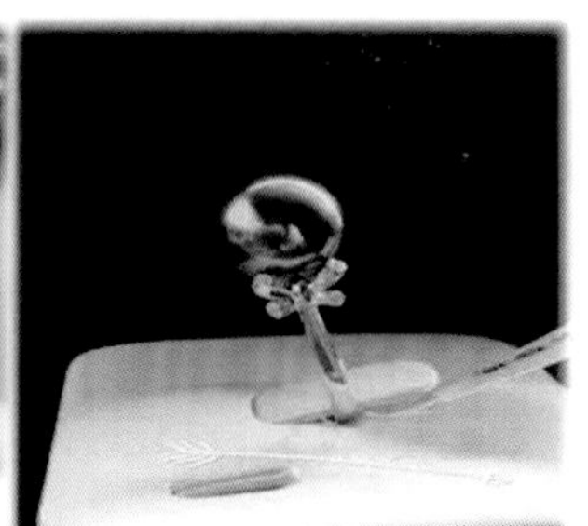

大溪地黑珍珠：颜色最为丰富的珍珠。它被称为是“上帝赐予大溪地的守护者”，因为离开那一片海域它将无法生存。变幻多端的黑色深受各国民众的喜爱。

大溪地黑珍珠：大小为 8 ~ 20 毫米，母贝为黑蝶贝，产地为大溪地。

海水珍珠是放在大海里去养殖的，是在天然的环境里生长。那是不是所有的大海都能养殖珍珠呢？并不是的！能出产珍珠的地方对环境是有非常高的要求的。

最基本的两点：第一，海水要清洁无污染；第二，水温和水的流向要合适。

关于南洋珍珠的孕育过程。首先，要找到合适的珠蚌，也就是育苗的过程。这个过程是非常艰辛的。有了珠蚌之后进行繁殖，养 3 ~ 4 年。也就是 3 岁以上的珠蚌才能植入珠核。珠核的植入是一个小小的手术，植入珠核的蚌被放回大海，开始接受照顾。

基本上每 3 个星期就会有珍珠医生到海边去检查蚌的健康状况（把它们拉上岸边去做清洁），因为蚌的体表非常容易附着一些浮游生物，这些浮游生物附着在蚌的外部吸收蚌的营养，会影响到蚌体内珍珠的生长。珍珠的清洁工作在日复一日年复一年中进行，非常辛苦！至少两年多的时间才可能收获珍珠。珍珠之所以昂贵大概就是这个原因吧！

虽然南洋珠是通过人工养殖的方法获取，但其实是有概率的，能够得到珠宝级珍珠的概率是不高的。假设第一次植核时有 1 万只蚌，能够养出 6500 粒珍珠，概率为 65%。而 6500 粒珍珠里大约只有 1300 粒能够达到圆形或是近圆形，而上等珍珠只能挑选出 50 粒。也就是 1 万只蚌里能生长出 50 粒上等珍珠，概率只能达到 0.5%！第二次植核估计只能产出 10 粒上等珍珠。第三次植核可能连一粒上等珍珠都得不到。

好的珍珠一定是非常珍贵的，因为非常稀少！在以上统计中，还没有考虑到天灾因素，这就是南洋珠珍贵的原因。

白色的海水珍珠是珍珠里最具传承性的珠宝。因为南洋珠母体所分泌的珍珠质是非常上乘的。加上养殖时间长，所以长出来的南洋白珠珠层非常紧实、细腻，光泽也非常温润。

南洋金珠因金灿灿的颜色深受亚洲人的青睐。颜色越浓郁、珍珠层越厚、养殖时间越长价格也越贵。南洋珠母贝金蝶贝是出了名的娇贵，所以养殖是非常艰辛的。

大溪地黑珍珠：如果说珍珠很神奇的话，当你看到大溪地黑珍珠时，会颠覆对黑色的认知。它是大自然的创造，各种黑色与伴色混合交织在一起，给人的感觉非常不一样。不是严肃，而是高贵的感觉。

黑珍珠是上天赐予大溪地的守护者。它的妈妈黑蝶贝离开那片海域就无法生存。大溪地黑珍珠深受各国男女的喜爱。在男性的珠宝首饰里也会有黑珍珠。

马贝珠：在企鹅贝体内插入半边的珍珠核。马贝珠以它梦幻的光彩以及多变的形状深受人们喜爱。它生长在奄美大岛，其心形造型很受年轻朋友的喜欢。马贝珠耳钉非常适合短头发女生，能提高气场。

珍珠是如何从开采到上市的

珍珠从开采出来到上市之前这段过程，我们称之为珍珠的优化处理，比如翡翠原石开采出来之后到正式上市，是需要一个加工过程的。这个过程不仅是雕刻，还包括打磨、抛光等，像钻石需要切割等流程才能上市，珍珠同样如此。

珍珠从开采出来到正式的面世，常规分为四个程序：

1. 珍珠的预前处理

按照珍珠的大小、常规的等级进行筛选，做一个预先的分级。包括Akoya珍珠会提前打半孔，把准备工作做好。高等级的珍珠通过高等级的方式加工处理，中等级的通过中等级的加工处理，差的做简单的加工处理。

分类之后有些还需要加工，比如Akoya珍珠就需要提前打半孔，淡水珍珠就不需要了。

2. 增光

珍珠开采出来之后会带有蚌体内的污渍或污垢，通过增光环节来让它变得光亮，把污渍、污垢去除。

3．漂白

通过漂洗，用特殊的液体浸泡、烘或者光照等，让珍珠自身的本色——白色透露出来。

4．抛光

通过我们常见的镀蜡核桃壳（用蜡水煮过的核桃壳）和珍珠放在一起反复滚动，让珍珠的表面更亮一些，同时一层薄薄的蜡的保护层，能使珍珠避免在运输和其他的加工过程中受到损害，减小互相之间的磨损。

完成这四项优化，珍珠基本上能进入到流通环节了，比如串珠、半成品、批发。

需要说明的是，有一些属于天然高品质的（自身品级、品质、光泽等各个方面都非常好）顶级的珍珠是无须以上一些环节的。

珍珠的处理

真的珍珠经过一些处理方式进入到流通环节。

1. 染色珍珠：有把淡水珍珠染色成黑珍珠或红的，再拿到市场上去流通。把Akoya珍珠染成黑色拿到市场上去流通，这都属于染色珠的范畴。（染色珠是市场上最常见的。）

2. 射线辐射处理：让珍珠的颜色变得更深甚至变色的一种处理方法。常见的如：Akoya的淡金色，一些商家会通过射线的方式将其变为浓金色，或南洋珠的一些淡金色通过射线变成浓金色。

3. 剥皮处理：采取表皮剥皮处理的方式非常少，除非是特别好的品质的珍珠，因为非常费人工。

4. 表面填充处理：和第三种差不多，就是对珍珠的表面通过一些物质的填充让它的表面平整。

以上是常见的珍珠的处理方式，市面上不注明的话，有欺骗顾客的嫌疑。虽然也是真珍珠，但是有些珍珠的价值和真正优质的珍珠差异是非常大的，如果通过颜色加深、射线的方式把原来品质不好的珍珠变好，这种以次充好是需要特别注明的。

大溪地混彩珍珠 深邃神秘 绚丽多彩

大溪地特选珍珠 迷人深邃 最正最顶级的绿

大溪地钻石戒指 极强光炫彩孔雀绿

珍珠饰品的种类

珍珠饰品是珠宝饰品中的佼佼者，因为珍珠独有的特质与气息，其制成的饰品深受人们喜爱。随着如今珍珠加工工艺的进步，珍珠不但能够做成单独的饰品，也能够与其他宝贵物品做成各样的珍贵饰品。

近年来，人们大多采用好的珍珠，搭配以贵金属、玉石、翡翠等，打造出一系列具有奇特气势的珍珠饰品。珍珠饰品的分类主要包括戒指、耳饰（耳环、耳钉）、头饰（珍珠发卡、发箍）、吊坠、腕饰（手镯、手链）、项链、胸针以及套件等。

无论你是少男少女，还是成熟男女，只要对珍珠的搭配得当，一件珍珠首饰总能营造出优雅的气质。

1. 珍珠项链

自古以来珍珠项链就备受女性朋友的喜爱，因为天然珍珠首饰不但佩戴美观，更重要的是它还具有养护作用，有美容养颜、镇静安神的功效。

2. 珍珠戒指

戒指佩戴极为普遍，制作材料可以是金属、宝石等。戒指的佩戴历史源远流长，不同区域对不同的佩戴方法有着不同的代表寓意。

有些戒指会镶嵌宝石，镶嵌不同宝石又有不同的意义。钻石象征永恒，代表爱情的忠贞，翡翠表示爱情，珍珠表示高贵，水晶表示健康、机敏和幸运。

珍珠戒指多选择圆度好、接近正圆的珍珠作为镶嵌的主要宝石。除了圆度以外，珍珠的光泽、颜色、形状和尺寸也是衡量珍珠戒指价值的重要标准。

3. 珍珠吊坠

戴在脖子上的吊坠多为金属质地，也有矿石、水晶、玉石等其他材质的。在古代，吊坠主要用于祈求平安，宁静心志，兼备美化形象的作用。珍珠作为“佛家七宝”中的珍珠皇后，是古代皇家贵族首选的首饰，珍珠吊坠更受关注。

4. 珍珠耳饰

大部分耳环都由金属打造，也有镶嵌或悬挂珠玉的。耳环造型多样，按照其形制，可分为耳坠、耳饰、耳钉三种。

耳坠指带有下垂饰物的耳饰，耳针可为直线型，也可为圈状。

耳饰的耳针一般为圈状金属吊环，带有装饰物的一端直接与耳针相连，无下垂饰物。

耳钉比耳饰小，形如钉状，耳针为直线形，装饰物在耳钉顶端。

耳饰和耳坠是最能发挥女性美的重要女性饰物之一。经由耳饰的式样、长度和形状的精确运用，能起到调整人们的视觉，达到美化形象的目的。珍珠耳环，堪称成年女性必备单品。

5. 珍珠头饰

披着头发时，可选择一枚比较大的珍珠发夹夹一边（右边），另外一边就搭配两枚小的发夹，显得特别的可爱。

扎头发时，可选择一枚大的或者两枚小的发夹，夹在两边或者后脑勺，起到修饰发型的作用。

温润的珍珠像白月光洒落，斑斓多彩的珍珠样式搭配大珍珠，在压发的同时利用大珍珠抓住眼球，在众人中亮眼突出。

全珍珠样式的发箍，大小珍珠的排列，使得整个发箍显得有气质，不单调。

6. 珍珠胸针

胸针又称为胸花，是一种别在上衣上的针状小装饰品，能够作为装饰品，也能够作为固定衣物的别针。一般为金属质地，外观为宝石、珐琅等。胸针多以珍珠作为主要镶嵌珠宝，也能够与其他珠宝搭配镶嵌，气质多变，能满足不同年龄、不同层次的魅力女性对珍珠胸针的需求。

女性在胸前惹眼的位置装饰一枚漂亮的珍珠胸针，能够充分显现女性的妩媚温柔、尊贵含蓄。在一些设计相对简洁的衣服上装饰一枚珍珠

高贵优雅的气质无从藏匿 奢华 Akoya 大尺寸渐变三层晚装链 祖母绿点睛 整体高端感 up

胸针，经常会有意想不到的奇妙效果。

珍珠胸针大多能够一物多用，这种设计一般十分巧妙，既能够作为胸针装点衣物，也能够作为吊坠提升气质。

7. 珍珠腕饰

狭义的腕饰是手链和手镯的代名词，腕饰呈链条状，制作腕饰的材质可选择性较大，金属、珠宝、皮质等相对常见。

珍珠腕饰以手串、手链居多，珍珠的选择也比较灵活，可选择形状规整的珠粒，也可选择异形珠粒；可单条佩戴，也可多排展示；可单颗打造，也可以搭配其他宝石设计。

8．珍珠套装

每一件珍珠首饰都有一个别致的故事，每一件首饰都有本身奇特的韵味，每一件单品都能够让人沉浸，一旦设计成套装，更让人惊艳。

珍珠的养生价值

《本草纲目》记载，珍珠具有解痘疗毒的功效，所谓解痘疗毒，就是治疗各类的皮肤损伤、创痛，比如痈肿、毒疮、水火烫伤、刀伤和带状疱疹等。

珍珠粉有美容功效，很多女性都喜欢使用珍珠粉制作面膜来护养肌肤。

《中华人民共和国药典》及《中药大辞典》均指明：珍珠具有安神定惊、明目去翳、解毒生肌等功效，现代研究还表明珍珠粉在提高人体免疫力、延缓衰老、祛斑美白、补充钙质等方面都具有独特的作用。

一般珍珠手链能够对盆腔、肺、大肠等有一定的保健作用；耳环能调节眼睛和内分泌系统；项链能够促进血液循环，同时还能起到镇静安神的作用。

在所有珠宝中，唯有珍珠不会吸收人体的精华，只会“牺牲自己来为佩戴者奉献”。如果佩戴者发现珍珠的颜色变淡或是发黄，那一般就是因为珍珠中的营养物质被身体吸收了的原因。

珍珠的分级与价值评定

珍珠的分级

珍珠是我国传统珠宝之一，“珠宝玉石”中的“珠”即专指珍珠。

一直以来，珍珠以其细腻的质地、明亮的光泽、含蓄且具有内涵的神韵，深得世界各国人民的喜爱。

面对市场上大量供应的珍珠饰品，我们如何区分珍珠的优劣，从哪些方面来评价珍珠的质量呢?

根据国家标准 GB/T18781-2023 珍珠分级，珍珠分级是根据珍珠的类别（海水、淡水），分别从颜色、大小、形状、光泽、表面光洁度、珠层厚度、匹配性（如果涉及）这 7 个方面的质量因素进行评价，其中颜色、光泽、光洁度是根据国家标准样品比对给出级别；再根据珍珠质量因素级别，将其划分为珠宝级和工艺品级两大等级；多粒珍珠饰品进行质量因素级别和匹配性级别确定。

珍珠的质量因素级别评价

从以下质量因素进行评价：

- 光泽
- 大小
- 形状
- 颜色
- 光洁度
- 珠层厚度
- 光泽级别

美是珠宝的共性，珍珠素有珠宝皇后的美誉，光泽是珍珠的灵魂，此所谓“珠光宝气”，珍珠的光泽按强弱可分为四个等级。

光泽（Luster）

光泽评判标准：珍珠表面反射光的强度及映像的清晰度。

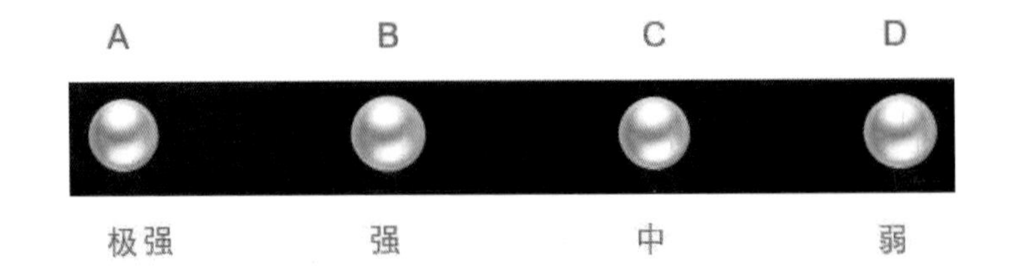

珍珠光泽级别		
极强	反射光特别明亮，表面可见物体影像且非常清晰。	A
强	反射光明亮，表面能见物体影像。	B
中	反射光明亮，表面能见物体影像，但较模糊。	C
弱	反射光弱，表面光泽呆滞，几乎无物体影响。	D

大小级别（Size）

大小指单粒珍珠的尺寸。

正圆、圆、近圆形珍珠以最小直径来表示，其他形状养殖珍珠以最大尺寸乘最小尺寸表示。测量珍珠大小，根据计算可得出圆形珍珠的形状级别是正圆、圆或是近圆。

大小

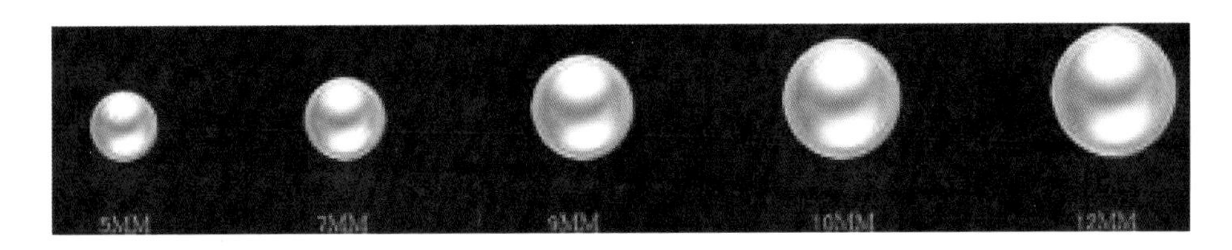

形状级别（Shape）

珍珠形状多种多样，主要有圆形类、椭圆形类、扁圆形类、异形类。

形状

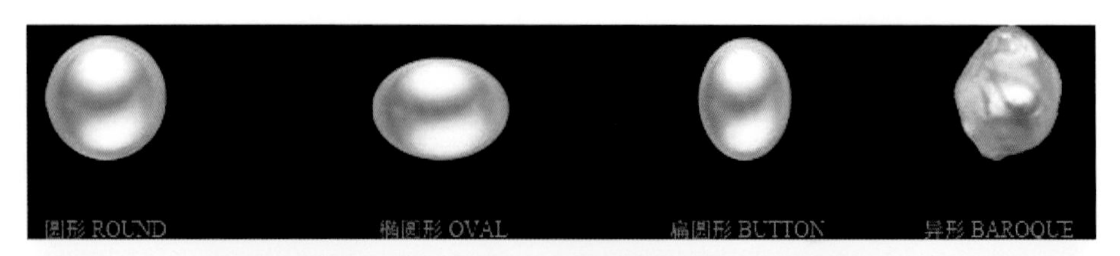

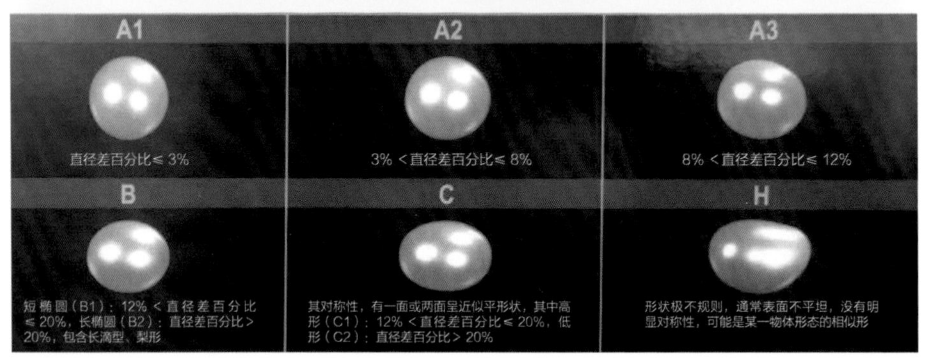

淡水珍珠形状级别		
圆形类	正圆	A1
	圆	A2
	近圆	A3
椭圆形类	短椭圆	B1
	长椭圆（含水滴形、梨形）	B2
扁圆形	高形	C1
	低形	C2
	异形	D

海水珍珠形状级别	
正圆	A1
圆	A2
近圆	A3
椭圆（含水滴形、梨形）	B
扁平	C
异形	D

颜色级别（Colour）

珍珠的颜色丰富多彩，千差万别。

颜色：珍珠的体色、伴色及晕彩综合特征。

珍珠的体色分为白色、红色、黄色、黑色及其他五个系列。

珍珠可能有伴色，如粉红色、银白色、绿色等伴色。珍珠可能有晕彩，晕彩划分为晕彩强、晕彩明显、晕彩一般。

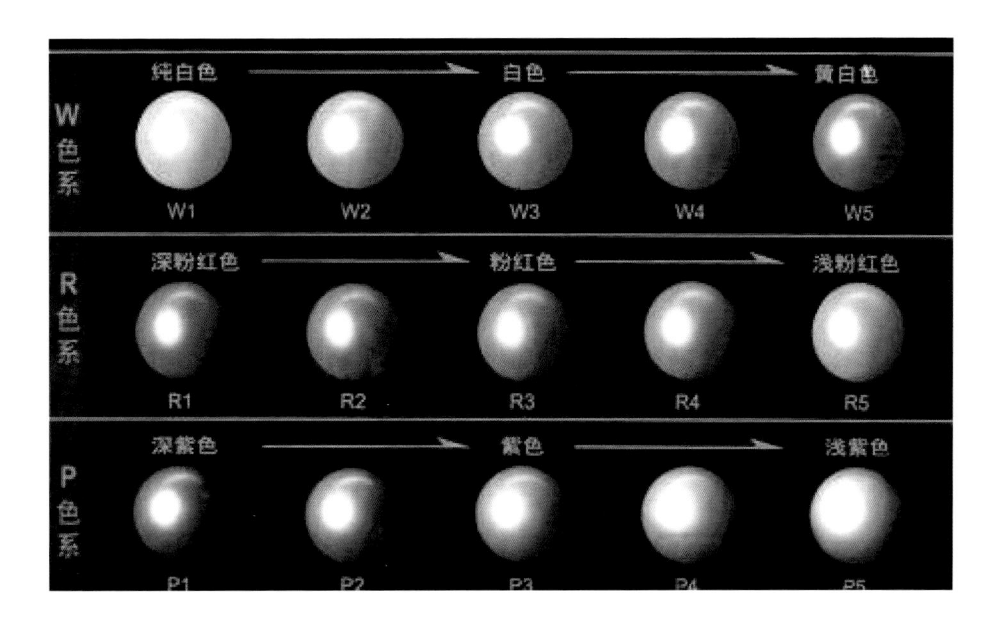

光洁度级别（Clean）

珍珠表面由瑕疵的大小、颜色、位置及数量多少决定光滑、洁净的总程度决定光洁度的级别。

光洁度级别		
无暇	表面光滑细腻，肉眼极难发现瑕疵。	A
微瑕	表面有非常少的瑕疵，似针点状，肉眼不易发现。	B
小瑕	表面有较小瑕疵，肉眼易观察到。	C
瑕疵	表面有较多且较明显的瑕疵，对珍珠美感影响很大。	D
重瑕	瑕疵很明显，严重的占据表面积的四分之一以上。	E

“无瑕不成珠”，这句话的意思就是没有绝对百分之百无瑕的珍珠。瑕疵及以下级别基本不作为首饰，对珍珠的美感影响大。

珠层厚度级别（Layer）

珠层厚度：从珠核外层到珍珠表面的垂直距离。

目前检测方法包括 X 光照相法、OCT 光学干层析法和直接测量法。

珠层厚度级别		
中文	英文代号	珠层厚度/mm
特厚	A	≥0.6
厚	B	≥0.5
中	C	≥0.4
薄	D	≥0.3
特薄	E	< 0.3

如何确定珍珠等级?

按珍珠质量因素级别，把用于装饰使用的珍珠划分为珠宝级珍珠和工艺品级珍珠两大等级。

珠宝级珍珠质量因素最低级别要求为，光泽级别：中（C）光洁度级别；最小尺寸在 9mm（含 9mm）以上的珍珠：瑕疵（D）；最小尺寸在 9mm 以下的珍珠：小瑕（C）；珠层厚度（有核珍珠）：薄（D）。

珍珠的价值评定

很多人其实非常关心的一点就是一串珍珠到底值多少钱? 很多用户也很关心，为什么我的这串珍珠贵，为什么另一串就便宜。

为了更好地解答这些问题，了解市场行情，我们要知道的是有什么因素影响珍珠的价格。

珍珠作为珠宝的一种，也是一种产品。

一个产品的价格高与低，它主要取决于市场需求。而珠宝为什么贵? 就是因为稀少，珠宝不像路上的石头，它稀有而且漂亮，而石头是随处可见的。所以我们去理解一个产品的价格的时候，要从两个方面去思考。

第一个就是市场的供需因素；第二个是材质，是这个产品本身的质量，质量是影响价格因素的关键点。

举个例子，比如说钻石，同样都是钻石，为什么有的价格高，有的价格低？那就是这个产品它本身的质量因素决定了。

一、产品专业

影响珍珠价格因素的核心点就是产品本身的影响因素。那么影响珍珠的究竟是哪几个因素呢？我们知道影响钻石的可能是它的4c，影响黄金的可能是它的纯度，那么，影响珍珠的呢？

下图列了9大因素，每一个因素都会影响到珍珠的价格。

- 光泽
- 表皮质量
- 形状
- 颜色
- 大小
- 珍珠层厚度
- 匹配度
- 处理状态
- 珍珠类型

这九大因素基本上确定了珍珠的质量好坏，是否值钱。这九大因素为什么就决定了珍珠的价格呢？

第一：光泽。怎么去理解光泽呢？用一句比较典型的话来说，没有光泽的珍珠就像馒头一样，白白的，软软的，感觉很好吃的样子。而极强光泽的珍珠给人的感觉就像小灯泡一样，感觉会发光！

所以说一颗珍珠的光泽，就确定了它第一眼的价值。我们有时候去看一些保养得不妥当的珍珠，或者是品质不好的珍珠，它第一眼给人的感觉就是比较呆板、死气。这是为什么？就是因为它基本没有什么光泽了。

好珍珠的光泽是非常强的，光是可以反射出来的，你去拍照的时候，珍珠上都可以看见照相机的倒影。珍珠的光泽分为5个级别，极强光、强光、亮光、好光和弱光。这一种分法是大致的分法，它不是绝对的。我们根据珍珠的光泽的强弱分为这几等。最顶级的强光，我们称为极强光。就是在非常亮的珍珠里面更亮的一种珍珠，极强光珍珠在珍珠里面是很明显的，尤其是海水珍珠里面，比如说 Akoya 的珍珠，Akoya 的光泽非常好，是非常水润的。离很远都能显得很亮的珍珠，就是我们常说的小灯泡一样会发光的珍珠。

有一些珍珠，尤其是淡水珍珠，相对来说它在光泽的强度上、锐度上，其实是比海水珍珠要差一点的。

第二：珍珠的表皮质量。专业术语叫作珍珠的表皮质量，用通俗一点的话说就是珍珠的瑕疵度。

什么叫珍珠的表皮质量？就是你近看珍珠表皮上面是不是非常的光滑，有没有坑，有没有点，有没有腰线，还是它非常光滑。就像有些人面部的皮肤一样，看起来非常嫩，水嫩水嫩的，非常白皙光滑。有些人的脸起痘，经常抠、挠，就会有很多的坑坑点点，有的人脸上会有斑，还有的人脸上会有疤痕。

珍珠的表皮质量越好的，它的价格越高。

最好的表皮质量我们称之为无瑕，无瑕是什么概念呢？就是你拿一颗珍珠在手里面的时候，你是几乎看不到坑、点、线的，非常平滑的叫作无瑕。

当然，根据珍珠的瑕疵程度我们也分了几个级别：无暇，细微瑕，微瑕，重瑕。当然这也是人为的分类方法。

重瑕是什么呢？尤其是在淡水珍珠里面是很常见的，就是它有很明显的腰线，或者有很明显的脱皮，这种称之为重瑕，它的瑕疵已经占据了珍珠大部分的面积。

海水珍珠的瑕疵点更多的指坑和点。

淡水珍珠的瑕疵点更多的是指腰线，就像腰上缠着东西一样，凸出来或者是凹进去，一块一块的，或者有凹凸。

为什么会有这样的差别呢？因为海水珍珠它是有核的，它是植入了一个圆核的，所以它是比较圆的。而淡水珍珠是无核的。

大多数的无核淡水珍珠因为它植入的是珍珠的外套膜，就是非常小的平的一块，所以它成长起来的时候，形状是各异的。所以它会出现各种奇形怪状的形状：扁的、圆的、馒头形状、椭圆形状，那么在这个过程中它就会出现腰线，以及大面积的不平整现象。

海水珍珠和淡水珍珠在珍珠表皮质量上的特性是不一样的。

第三：珍珠的形状。

珍珠的形状常规来说，就是珠圆玉润。珍珠越圆，它的价值越高。还有一种说法就是走盘珠，就是珍珠放到盘子里面它自己会滚动，就是形容它非常的圆。

这是珍珠的圆度，珍珠的形状方面分为非常多的种类。其中海水珍珠和淡水珍珠又不一样。海水珍珠是有核的，它里面是植入了一个很小的圆形的核，所以说海水珍珠绝大部分的形状是正圆的，有小部分是水滴形的珍珠，海水珍珠极少出现馒头形状和其他形状。

淡水珍珠的形状就奇形怪状了，因为淡水珍珠里面没有植入圆核进去。所以说我们常见的淡水珍珠有馒头形、扁圆、鹅蛋圆、近圆、半圆、不圆的，甚至是不规则的形状。

当然有一个特例就是爱迪生有核淡水养殖珍珠，它的颗粒比较大，因为爱迪生珍珠里面是植入核的，所以正圆的比较多。

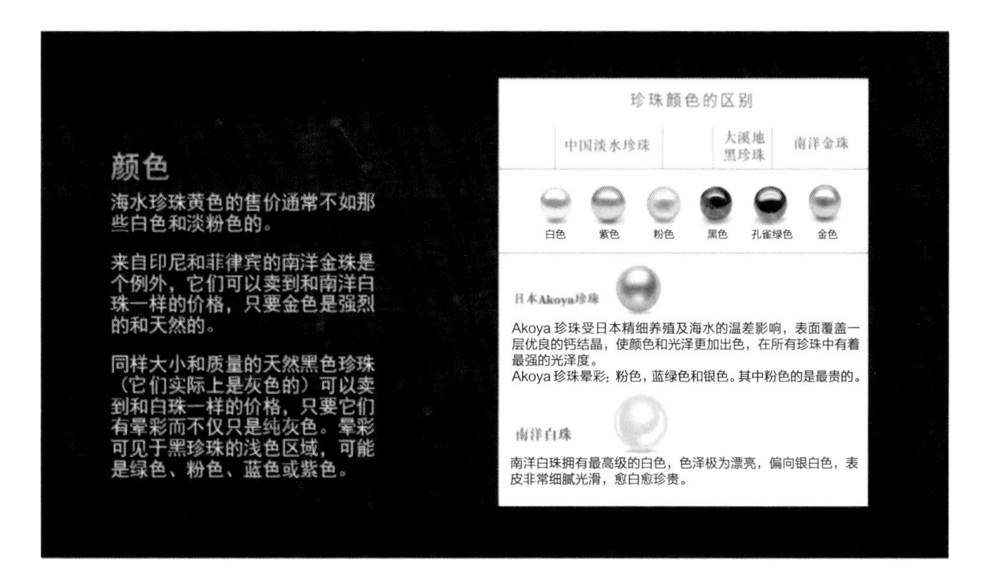

第四：珍珠的颜色。

海水珍珠和淡水珍珠的颜色是不一样的。淡水珍珠里面白色是最常见的，还有粉色、紫色、橙色，以及其他的偏异色。

海水珍珠里面，Akoya 珍珠比较典型的有白色、白里透粉、灰色、淡金色；南洋珠里面有南洋白珠、南洋金珠、大溪地黑珍珠。

有些珍珠的颜色是由它的品类决定的，比如说南洋金珠就是金色的，大溪地珍珠就是以黑色为主。我们去评价一种珍珠的颜色对它价值的影响就要细分到珍珠品类里面去看。

比如南洋金珠，大部分金珠是金色的，但是什么样的金珠的价值高呢？当两颗金珠大小、光泽、圆度等其他都一样，颜色不一样的时候，浓金色的价格要比淡金色价格高出好几倍。在金珠里面，浓金色的价格是最贵的，淡金色是最便宜的，这就是颜色给它们带来的差别。

再看大溪地黑珍珠，中国人都很喜欢孔雀绿，孔雀绿因市场需求的原因，价格就非常高。还有一些颜色，比如说大溪地黑珍珠的晕彩比较丰富，表面形成泛红色或者其他色的珍珠也受到了珍藏。

Akoya 珍珠，白里透粉色，像婴儿的皮肤，特别受欢迎。所以说对每一种珍珠的评定大部分都是由市场需求和人们的喜好来决定的。

南洋白珠，白色泛着蓝光的价格是最贵的，是最好的颜色，白色透着黄色的价格低一些，颜色的因素是怎么影响价格的呢？其实就是由某一个阶段人们的审美决定的。

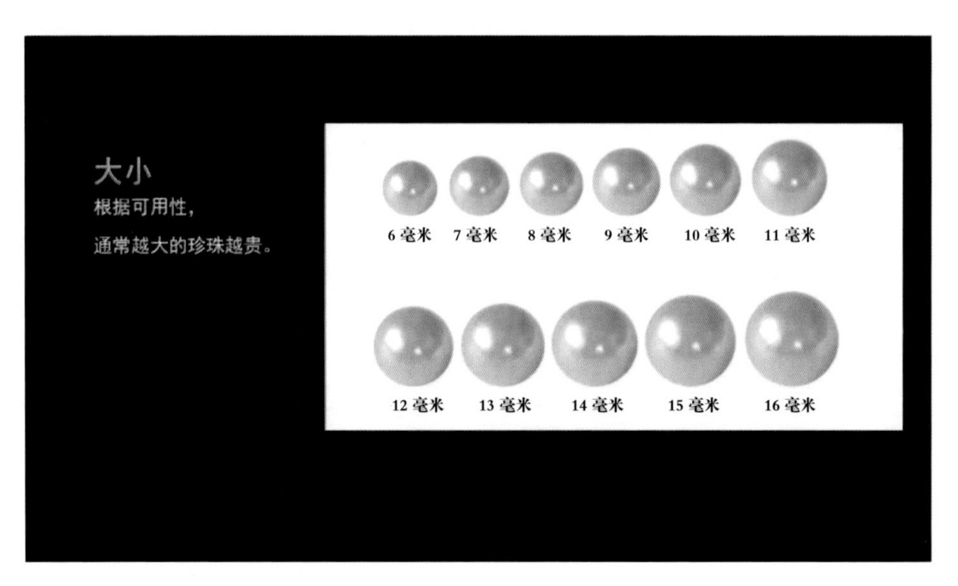

第五：珍珠的大小。

这个就比较简单好理解了。按常规越大价格就越高，为什么呢？因为珍珠越大意味着它的养殖时间就越长，戴起来更好看，当然，养殖难度就越高。

海水珍珠，8毫米的很常见，10毫米以上的就会越来越贵。为什么呢？因为它的养殖时间越长，风险就会越大。

淡水珍珠因为是无核的，所以常见的淡水珍珠都在10毫米以下，10毫米以上的价格就会非常高了。为什么呢？就是因为它的养殖时间长，风险高，产量很少，投资更大等等因素造成的价格偏高。

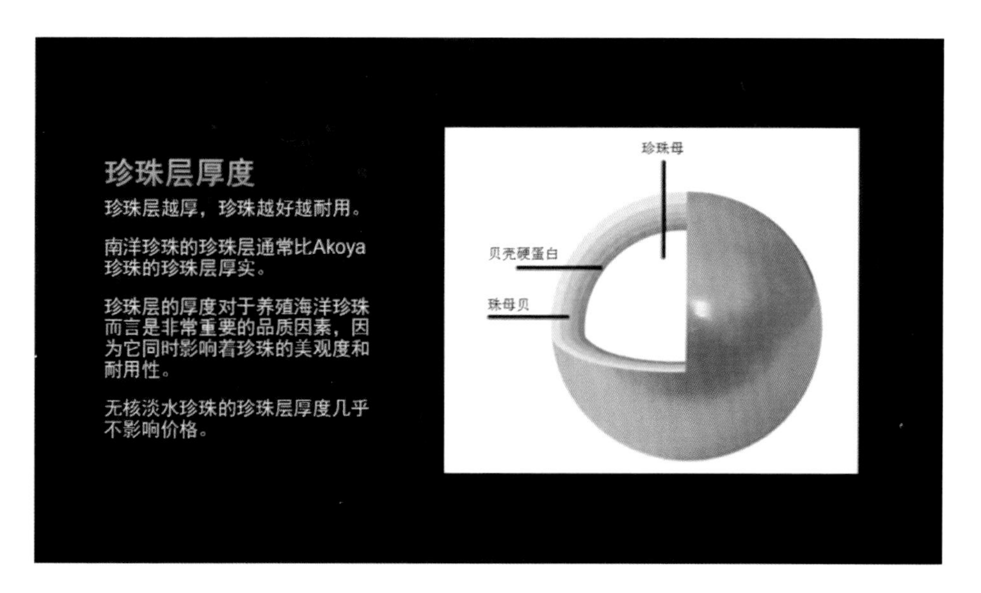

第六：珍珠层的厚度。

珍珠层的厚度需要比较专业的测量，一般用户几乎没有听说过。

因为珍珠层的厚度是一般的检测机构都不会出具的，它的检测比较难。如果在不破坏珍珠的情况下要检测珍珠层的厚度，是需要特殊的仪器和技术才能检测出来的。

什么叫珍珠层的厚度？就是说有核的养殖珍珠，它是在蚌里面去植入由珍珠贝做成的一种圆形的小球，我们称之为“核”，然后蚌会分泌一种物质叫作珍珠质，它分泌的珍珠质就会一层一层的包裹住核，在珍珠核和最外表珍珠层之间的厚度，就叫作珍珠层的厚度。

这里大家要了解的第一个是无核的淡水珍珠，第二个是纯天然的野生珍珠，它基本上是没有珍珠层厚度这一说法的，因为它纯粹是由珍珠质形成的。所以只有有核珍珠才会有珍珠层厚度的说法。

有核珍珠包括哪些呢？淡水珍珠中爱迪生珍珠是有核的，海水珍珠中 Akoya 海水珍珠、大溪地黑珍珠、南洋金珠也是有核的。

所以有时候我们说珍珠粉的时候，大家就要注意，为什么珍珠粉都是用淡水珍珠做的？因为淡水珍珠里面都是珍珠质。如果用海水珍珠去做珍珠粉的话就会很麻烦，因为海水珍珠中间有个核，是很难把它分解出来的。这个核是由蚌的壳研磨成粉做成的，一般说珍珠粉都是指淡水珍珠粉，海水珍珠粉里面会包含贝壳粉，很难分解开，一般不会用海水珍珠来做珍珠粉。

珍珠层越厚，它需要养殖的时间就会越长，它表面形成的光泽和密度也越好，它能够使这颗珍珠的保存的时间更长，保存得更好。所以说珍珠层越厚越好。比如说浓金色的金珠，它的表皮就比较紧致，珍珠层比较厚。

第七：匹配度。

一对珍珠耳环或者一串珍珠项链，在需要多颗珍珠的时候，它就需要匹配。

人类的审美习惯决定了，戴一串项链，最好是它的颜色、大小、光泽等最好是一致，这样看起来比较舒服，有比较和谐的感觉，所以匹配度是很重要的因素。

一条珍珠项链，在大小、光泽、瑕疵度等，这些方面要做到相对的一致，匹配度做到相对一致的时候就比较美观，这样价格也会比较高。

业内的淡水珍珠，其实没有 Akoya 珍珠的匹配度好。淡水珍珠一般间隔是 1 毫米，而 Akoya 的珍珠的间隔可以做到 0.5 毫米的差距，就是说 Akoya 珍珠的匹配度更精准一些！

南洋金珠和大溪地黑珍珠的匹配度，一般是 9 ~ 11 毫米，10 ~ 13 毫米这样的匹配度，会有一个变化。

为什么呢？因为匹配难。南洋金珠和大溪地黑珍珠，产量很小，颜色多样、复杂，像金珠会有浓金色、淡金色；黑珍珠会有孔雀绿、灰、紫、红的晕彩，要匹配颜色一致、大小一致非常难。所以我们会经常看到渐变的匹配，这就是珍珠的匹配度的影响。

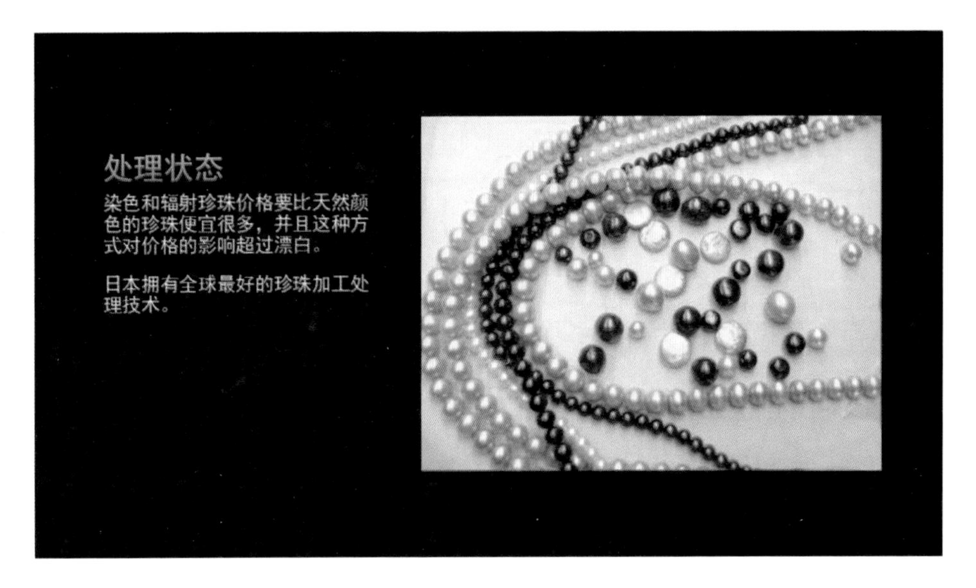

第八：处理状态，什么叫作处理状态呢？就是加工状态。

我们有时候在网上看到一些南洋金珠颜色非常浓，可是价格又不贵，这样的珍珠很有可能被染了色，就是加色过，把它的颜色变浓了，但是它给出的证书是海水珍珠，并且它不会对珍珠是否染色做鉴定，这就是珍珠行业里的灰色地带。因为通常金珠越浓，价格越贵，大家越喜欢。

还有一些染色珍珠，相对欧美比较多。有一些大颗粒的淡水珍珠会被染成黑色、金色卖出去，这种珍珠的价格其实是非常低的。染色后有些地区的用户也会选择，因为大家的审美观是不一样的。

这种对珍珠的处理方式，对珍珠的价格影响是非常大的。比如说一颗淡金色的 12 毫米的金珠和一颗 12 毫米的浓金色金珠，它们的价格相差好几倍，一些商家会把淡金色金珠染成浓金色去卖，为了卖个好价格。所以说是否染色和经过处理对珍珠的价格影响也是非常大的。

有些珍珠颜色特别好看，特别漂亮，同时价格特别便宜的时候，就要注意，有时候是存在一些猫腻的。

第九：珍珠类型。

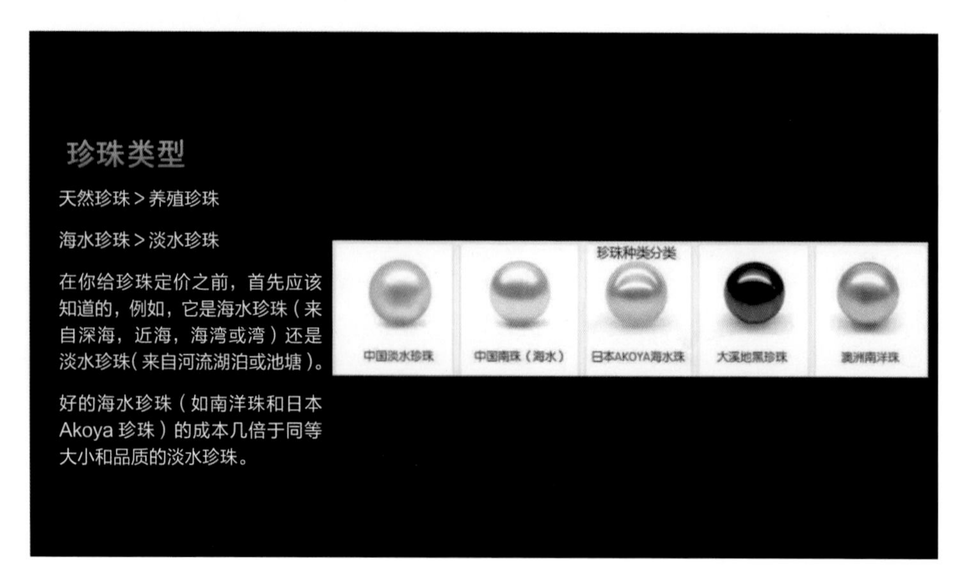

野生天然的珍珠价格是要高于人工养殖的珍珠的。因为野生天然的珍珠非常稀少，只有在大型的珍珠拍卖会或者珠宝展览会上才能见得到。

在人工养殖的珍珠里面，因为珍珠的美观度、类型不一样，价格也不一样。我们说海水珍珠价格是高于淡水珍珠的，为什么呢？

因为好的海水珍珠养殖成本是高于淡水珍珠的，一个海水珍珠的蚌里往往只能养育一颗海水珍珠，而淡水珍珠的蚌里可以养育 30 ~ 40 颗淡水珍珠。所以珍珠品类中，市场上南洋金珠的价格最高，其次是南洋白珠，大溪地黑珍珠，再次就是 Akoya 珍珠，我国的淡水珍珠，因为产量大，质量一直上不去，所以价格相对便宜。

以上就是影响珍珠价格的 9 大专业因素，大家一定要彻底理解，不然就是门外汉了。

二、市场因素

南洋金珠的价格为什么每年都上涨，而且上涨得特别厉害呢？第一，中国用户喜欢珍珠的越来越多了，尤其是对金色特别喜好，然而金色的南洋金珠的养殖难度特别高，而且又受到海域污染的影响，它的养殖面积和产出越来越不成正比，产量越来越少了，高质量的越来越少，市场需求越来越旺，这个时候价格自然就上去了，这就是市场推手和自然环境对珍珠的价值的影响。

再延伸一下，说到珍珠首饰，市场因素就会受更多方面的影响了。比如有些知名的设计师设计的首饰，可能卖的就不只纯粹是珍珠，还有他设计的款式、他的知名度等综合因素。这些就是市场的影响，市场的影响会受到设计、时尚、知名度、供需求的影响，是比较综合的。

繁花盛放 气势恢宏的一件艺术品 16 毫米澳白大龙珠 胸针吊坠两用

高定质感 9 ~ 10 毫米浓金南洋珍珠耳拍

粉色糖豆 Akoya 海螺珍珠项链 别致又高级

天然珍珠与人工珍珠

天然珍珠

没有经过人类干涉由蚌自然孕育而成的珍珠，就是通常所说的天然珍珠。

天然珍珠在有些地方又被称为野生珍珠，天然珍珠被发现的概率比较低，因为它没有经过人类的干涉，只有当蚌在进食或者呼吸的时候有异物进入它体内才能形成珍珠，不是每个进入到蚌体内的异物都能形成珍珠，是进入到正确的位置并在合适的时间点的时候，才有可能形成珍珠。

因为有些沙子进去后蚌会把它排斥出来，只有在合适的时间、合适的地点、合适的条件下才有可能诞生出天然珍珠，所以天然珍珠的获取甚至它的诞生都难。

在 19 世纪人类为了获取珍珠这种非常宝贵的珠宝，大肆捕捞导致野生蚌大量减少，野生珍珠基本上处于灭绝的状态。

天然珍珠的珍珠层是比较厚的，除了进入蚌体内的异物之外，其他部分基本都是珍珠层（珍珠质）。因为珍珠层厚，又是野生的蚌，生命力非常强、质地非常细腻、光泽度非常强，这是它的生成环境形成珍珠的特点。

因为生成环境，进入蚌体内的物质没有规则性，这也导致天然珍珠的形成基本是不规则的。大家知道人类养殖的蚌是挂在网箱里固定着基本不动的，而野生的蚌是移动的，所以它形成的珍珠是不规则的，基本是非常小的，因为珍珠大的话蚌会死掉。这是天然珍珠基本的特点和特征。

天然珍珠和人工珍珠如何鉴别？

鉴别方法：

1. 肉眼及放大镜鉴定

观察珍珠层的细腻程度、光泽强度和形状。用放大镜看，天然珍珠的珍珠层是非常细腻的(同养殖珍珠和人造珍珠的鉴别方法一样)。

2. 强光源照射法

人工养殖珍珠有核，天然珍珠没有。用强光源照可以看到珍珠内有影子或透明的状态。

3. 密度法

一般人工珍珠因有珠核，比重较大，天然珍珠较轻，因此，往往在2.71的重液中天然珍珠大都上浮，而养殖珍珠普遍下沉。这种方法可能会损伤珍珠层，应谨慎使用。

4. 内窥镜法

这种方法需要先在珍珠上钻孔，使用的是一种空心的金属针，在针的两端装有与针的延长方向成45° 角的镜子，并彼此呈90° 角，在空心针的一端用强光照射，光线通过第一个镜子反射到珍珠内壁，如果是人工珍珠，光反射到内壁后沿核内平行层传播，一直能穿透薄的珍珠层，使得在显微镜一端看不见光线。如果是天然珍珠，光线射到内壁后，光因全反射而绕珍珠层内传播，最后投射到第二个镜面上，这种情况下，在另一端的显微镜上便能观察到光线的闪烁。

5. X射线法

天然珍珠在劳埃图中出现假六方对称图案斑点，人工珍珠出现假四方对称图案的斑点，仅一个方向出现假六方对称斑点。

6. 磁场反应法

把珍珠放在磁场内，如果是人工珍珠，其珠核受磁化后，总要转到平行层走向与磁力线平行的方向，而天然珍珠无核，故无此现象。

7. 荧光法

天然珍珠在 X 射线下大多数不发荧光，人工珍珠在 X 射线下多数发荧光和磷光(蓝紫色、浅绿色等)。

8. 紫外线照射法

天然珍珠阴影颜色较均匀一致，人工珍珠在核层与光线垂直情况下，产生深色阴影，仅周边颜色较浅。

菱格小香风 Akoya 耳钉 不会让你失望

珍珠的收藏与保养

珍珠如何保养

珍珠其实不是因为它很脆弱才需要我们去呵护，而是因为它来源于生命，它和人一样，都是由妈妈孕育出来的，所以它需要我们每一位主人的爱护，它需要你的这份爱，才可能继续点亮你的生命之光，继续带给你更多的能量，继续更长久地陪伴在你身边。这就是我们保养它、爱护它的一个最基本的出发点。

珍珠保养的原理

1、为什么要保养？
不当的使用会造成损伤

2、珍珠保养哪些方面？
颜色、光泽

3、珍珠的特性
成分：碳酸钙
硬度：莫氏硬度4

珍珠保养的原理

珍珠为什么需要保养？除了珍珠之外，其实其他的珠宝首饰也是需要保养的，为什么？最根本的原因就是因为它是珠宝。

珠宝有两个特征，第一是非常稀有，第二因为它是非常美丽的，我们对于非常稀有的美丽的东西通常是需要格外去爱护的。

因为每一种珠宝的属性是不一样的，所以就决定了它们保养的方式是不一样的。

比如钻石，钻石虽然硬度很高，是世界上最坚硬的物质，但是它是比较怕油的，钻石有一个特性叫作亲油疏水性，如果你经常戴着你的钻戒去一些油污比较重的地方，比如去烧烤大排档，去做饭，那么可能时间长了之后，会发现它的表面不光亮了。为什么？就是因为它是亲油的，会吸附外在的一些油污，导致看起来雾蒙蒙的，不那么亮了。

祖母绿颜色非常漂亮，全世界的女人几乎都会爱上这一抹绿色，但是它有一个特性就是脆性值非常高。所以它是很怕摔的，可能你的钻石磕一下碰一下没关系，可是你的祖母绿首饰稍微磕一下碰一下就很容易出现裂痕，所以在佩戴的时候一定要非常小心。

翡翠属于矿物集合体，从地底下开采挖出来的。所以它也是非常怕酸碱的，如果经常出汗佩戴的话对它也是一种伤害，汗渍里面是有酸性成分的，包括你涂抹化妆品、喷香水或者用含有酸碱性的化学成分的浴液、洗洁精等对它都是有一定伤害的，所以日常佩戴时也是需要保养的。

所有的珠宝首饰都需要它的主人去保护它、爱护它，它才能够拥有这种历久弥新的光泽，一直陪伴着你度过人生中每一个重要时刻。珍珠也不例外。

珍珠的主要成分是碳酸钙。

珍珠是有机宝石，它的主要成分就是有机物，就是碳酸钙以及几十种微量元素。

碳酸钙遇酸遇碱都会产生一些化学反应。所以在日常生活当中我们就需要在一些场合尽量避免这些酸碱成分接触我们的首饰。

比如说护肤品、香水、浴液、洗手液、香皂、洗衣液等等，这些都是由酸碱不同的各种化学成分混合调制而成的。

所以当我们的珠宝首饰，尤其是珍珠这种有机珠宝，它本身是像人一样是有毛孔的，是会呼吸的，那么当它接触到一些化学成分，就容易把这些化学成分吸附到自己的表面。

如果时间长了，不能够把它很好地清理出去，它就比较容易发生一些化学反应。这些化学反应我们是看不到的，但是有一天你会发现你的珍珠好像没有那么亮了，你的珍珠好像变了。

所以很多用户会说，珍珠是不是戴久了就会不亮了？珍珠是不是戴久了之后颜色就会变？

其实不是这样的，不是珍珠变了，而是你在佩戴的过程中没有好好地去爱护它，最终导致它发生了很多的变化。

除了刚才说的要避免接触一些酸碱性的护肤品之外，我们接下来再给大家介绍几点需要注意的地方。

1. 忌洗澡时佩戴，洗澡的时候要摘下来

第一，因为浴室里面，我们人体所接触到的东西，都是有酸碱成分的，比如沐浴露、香皂、爽肤水、润肤乳等。

第二，因为我们洗澡的时候水是热的，珍珠在热水的浸泡下，会张开它的毛孔去吸收水蒸气里的酸碱成分，对珍珠也是一种伤害。

第三，洗澡的热水对于珍珠来说也是高温环境，对珍珠也是伤害。

2. 忌在重油烟环境下佩戴

做饭的时候，最好不要佩戴任何珠宝首饰。包括你的钻石、其他类别的宝石或是珍珠，都要远离这些油污比较大的场合。

比如说吃火锅、烧烤的时候，这种场合，应该悄悄地把首饰摘下来放进包里。因为这些油污其实也是会随热气挥发的，它不仅会附着在珠宝上面，也会附着在皮肤上、衣服上面。

3. 出汗后要及时擦拭

汗水排出的很多是人体的酸性的和碱性物质，这些垃圾和日常的饮食息息相关，大部分人的身体是呈酸性，因为我们是杂食动物甚至偏肉食的动物，吃进去的食物，一些酸性物质会随着汗水排出体外。这种酸性物质，对于珠宝首饰腐蚀是比较强的。

擦拭珍珠可以用屈臣氏的蒸馏水，可以买一瓶放在冰箱里或者桌子上。把蒸馏水倒一点在擦拭布上，然后轻轻地去擦拭，包裹擦拭，擦完之后不要把首饰盒盖住，而是要通风晾干，自然地干燥，干了以后再佩戴或者收起来都可以了。

4. 睡觉的时候摘下来

睡觉的时候戴着会十分不便，会出现各种各样的状况。再有就是睡觉戴项链，会加速颈部衰老，增加颈纹的出现。

5. 游泳、运动、泡温泉时都不可以佩戴

游泳池里面的水是含有氯化钠的，对珠宝首饰会有损伤。

温泉里也会有各种各样的矿物元素，再加上水温比较热，所以对于珍珠来说也不好。

还会出现遇水开胶的问题，很多首饰制作的过程中都会用到胶水，就是再昂贵的胶水，也都会有遇到水或者遇水浸泡时开胶的问题。

6. 不可以在高温场合或者暴晒环境下佩戴

珍珠在海水里生长，水的温度很低，人体的温度对于珍珠来说已经是高温环境了，如果室外温度很高，或者正午太阳暴晒，以及蒸桑拿、汗蒸等等，这些时候都属于高温环境，尽量不要佩戴首饰。

珍珠的市场前景及潜力

珍珠价格未来走势

珍珠产业发展很快的十年也是中国经济快速发展的十年。如今，国民经济、生活水平、人均收入都有了大幅上升，珍珠行业和经济发展的大方向相关，几年前我们经常看到的是串珠，比较廉价。受限于经济和消费力的制约，现在珍珠产业也在升级，劣质珍珠很少，已经跟不上消费力和审美的步伐。

随着人们的消费力提升，珍珠产业也在升级，从三个方面来看：

品牌化

消费升级和产业升级带来最明显的变化，像日本、美国等国家有很多个性化珠宝品牌，品牌在服务、设计、品牌精神等方面做得很好，当人群消费力提升后，能够支撑起品牌的发展，品牌化代表珍珠已经脱离了原料和成本的概念，一个品牌不仅代表产品和性价比，更代表品牌价值、情感价值、身份价值等更多基于产品之外的东西。

中国未来会诞生更多品牌，越来越多的客户会升级消费观念，这是一个趋势。

品质化

原来国内消费的最多的是淡水珍珠，这几年大溪地黑珍珠、南洋珍珠、Akoya 珍珠、马贝珠等价格高、品质高的珍珠越来越被国内消费者接受，原因是消费升级、审美升级、品质升级。

个性化

有了充足的消费力后，很多人的审美变得越来越个性化，就要购买代表个人审美观点的饰品，珍珠行业的个性化需求越来越高，订制化越来越多。

珍珠首饰的价格：

原材料从裸珠变成首饰，要经过多道工序。首先要看珍珠本身的价值，其次要看贵金属的价值，镶嵌的宝石、钻石的价值，工艺的价值，人力成本的价值，同时，优质的首饰也包含设计的价值，需要设计师的灵感，进行私人订制。一位著名设计师的作品，核心价值是设计价值；一件精湛的首饰，主要是工艺价值。

珍珠的品类价格：

珍珠的品类主要有淡水珍珠、大溪地黑珍珠、Akoya珍珠、南洋珍珠等几个品类。目前，Akoya珍珠价格上涨最快，跟日本人在珍珠的保护、控制、技术和文化输出有关，市场永远是有限的，无限制输出原材料，不控制品质，不提升文化价值，产品肯定难以升级。国内之前不加保护的输出珍珠原材料，现在的淡水珍珠价格就很低，和其他珍珠产生了价格差距。大溪地和南洋珍珠目前的价格控制得很好，价格相对稳定，数量和品质相对也很稳定。淡水珍珠价格容易大起大落，主要原因是产业链不完善。

一些珍珠的行业规则对价格的影响：

1. 货品的分级概念

珍珠行业分级很细，有的卖一手货、有的卖二手货、有的卖三手货，几手货就决定了货品的价格。同样的一个产品为什么价格差距那么大，那是因为货的品质不一样。

2. 供应商的级别概念

供应商的选择面越广，合作越深入，价格越低。批发和零售价格也不一样。

3. 品牌

上升到品牌，给用户带来的不仅是产品本身的价值，更多的是附加的价值，包括品牌的身份、品牌的寓意等。

珍珠收藏购买指南

如何挑选珍珠，看珍珠光泽是重中之重！

很多女性挑选珍珠，一上来就关心瑕疵程度，拿着珍珠明察秋毫，一点点蛛丝马迹都逃不过那双慧眼金睛，一经发现，再细小的瑕疵都是不可原谅的缺点。好珠子在无瑕的幻想中被视而不见，晾在了一边。

然而，对于天然养殖珍珠来说，瑕疵——是能够被原谅的，就如同人身上的胎记，它的存在与“好珍珠”并不相悖。

俗话说：无暇不成珠。瑕疵是个主观视觉概念，如果拿着放大镜，绝大多数珍珠都逃不过不够好不够完美的嫌疑，如果一味追求无瑕，珍珠也就失去了评价的意义。在日常消费层面，如果无瑕遥不可及，那么不妨宽容以待。在可接受范围内，有瑕无瑕的心理界限并非那么不可逾越。

相对来说，无瑕的珍珠奇贵无比，如果不是作为专门收藏之用，只是佩戴，那么你将要付出更大的成本。但就给我们带来美感和心灵上的愉悦来说，一颗完美的珍珠和一颗微瑕的珍珠，其实并没有太大区别。

更重要的，观珠如同观人，美不美先别定论，首先气色得好，要健康有活力。如果表皮光泽甚好，就算是巴洛克珍珠，一样会显得高雅有品位！想要完美无瑕，人造珍珠可能更胜一筹。

所以挑珍珠，“无瑕”并非第一选项，首先要看“光泽”。

那为什么第一步要看光泽呢？因为光泽的好坏关乎珍珠的核心价值。

大家知道，表面均匀而有强烈光泽，并且出现彩虹般伴彩和晕彩的珍珠最为珍贵。而光泽强度和珠层厚度有关，而且还和每一层的晶面厚度有关。

所有珍珠的横切面放大后都是类似树木年轮一样一圈一圈的，每一圈就是一层。层数越多，每一层晶面厚度越小，其光泽也就越强。一般珍珠层厚度大于0.35毫米时，珍珠才能显现出很好的光泽。

事实上，珍珠的光泽和伴色、晕彩是同源的，一粒光泽好的珍珠才可能有伴彩和晕彩，清晰锐利的光泽反映的是珍珠质紧密细腻的结构和良好的成长环境。所以，珍珠光泽的好坏很大程度上也决定了珍珠品质的好坏。

好光泽决定珍珠的好坏，那怎样看光泽呢？

很简单，就像照镜子一样，投影反光越清晰越好。

珍珠的光泽指的是表面能够反射光的强度以及成映像的清晰程度。当光线照射到珍珠时，被由成千上万微小的碳酸钙晶体所构成的珍珠质层进行反射、折射及散射叠加后，形成由里向外的紧密的柔润光泽。

拥有强烈光泽的珍珠，其质层越多，文石晶体的排列越为有序，表面也越显光滑，越圆。总的来说，海水珠的光泽相比于淡水珠更好。

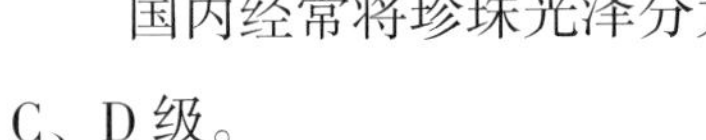

国内经常将珍珠光泽分为 A、B 、C、D 级。

A 级：珍珠的反射光极其明亮，表面像镜子，映像清晰。

B 级：反射光明亮，映像很清晰。

C 级：反射光明亮，表面能见物体映像。

D 级：反射光较弱，表面映像很模糊。

综上所述，买珍珠，光泽很重要，可以作为第一项来考察。其次看珍珠圆不圆，古人都知道，珠要圆、玉要润才是最美好的状态，如果不圆而光泽好，特别是一边是正圆的面包体其实也是极好的。

再次就是看颜色，颜色有很多种。应根据个人喜好来定。

最后，再看瑕疵度。

看完上面的分析，不知道你是否认同光泽对于选购珍珠的重要意义呢？

特选金珠项链 高贵优雅 顶级奢华

澳白珍珠套装 · 款式精选 欣赏